HISTOIRE NATURELLE

DES

COLÉOPTÈRES

DE FRANCE

FAMILLE DES LATHRIDIENS

— DEUXIÈME PARTIE —

Extrait des *Annales de la Société Linnéenne de Lyon*
Tome XXXI, année 1884

HISTOIRE NATURELLE

DES

COLÉOPTÈRES

DE FRANCE

PAR E. MULSANT

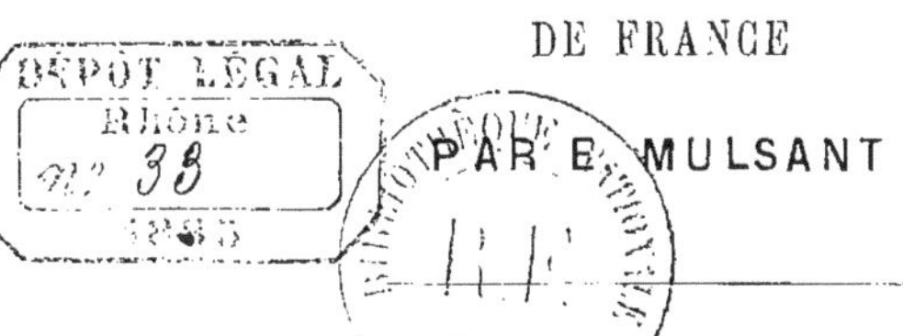

FAMILLE DES LATHRIDIENS

— DEUXIÈME PARTIE —

PAR

LE R. P. FR. MARIE-JOSEPH BELON

DES FRÈRES PRÊCHEURS

MEMBRE DE LA SOCIÉTÉ ENTOMOLOGIQUE DE FRANCE

LYON

IMPRIMERIE PITRAT AINÉ

4, RUE GENTIL, 4

1884

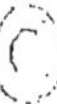

HISTOIRE NATURELLE

DES

COLÉOPTÈRES

DE FRANCE

FAMILLE DES LATHRIDIENS

DEUXIÈME PARTIE

Lorsque j'ai livré à l'impression la première partie de ce travail, je crus devoir adopter purement et simplement la répartition de la famille des Lathridiens, telle qu'elle avait été proposée par M. Reitter, et, pour m'y conformer entièrement, j'ai considéré le genre *Dasycerus* comme appartenant à la 3e branche. Une sorte de répugnance instinctive m'avertissait pourtant que sa place n'était point auprès des *Corticaria*, et aujourd'hui, après avoir terminé une étude plus approfondie des espèces et de leurs affinités, je dois reconnaître que je me suis trompé et qu'il est nécessaire de rectifier ce classement. Sans doute, on pourrait à la rigueur le légitimer, s'il s'agissait uniquement ici de rédiger des tableaux dichotomiques pour faciliter la détermination et par conséquent d'atteindre un but tout empirique ; mais, lorsqu'on veut se rapprocher autant que possible d'une méthode vraiment naturelle, il faut tenir plus de compte de l'ensemble des affinités qui se révèlent dans les détails de l'organisation et négliger au besoin un caractère commode à constater, mais dont la valeur relative devient inférieure. C'est ainsi que j'ai compris dans les

2 premières branches, par exception à la phrase diagnostique principale, les deux genres *Holoparamecus* et *Anommatus*, chez lesquels les hanches antérieures sont souvent peu écartées, ou même contiguës.

Une détermination identique doit être prise à l'égard du genre *Dasycerus*, qu'il est manifestement anormal de maintenir à côté des Corticariaires. En effet, il n'a guère de commun avec cette branche que la contiguïté des hanches antérieures et le nombre des segments abdominaux, tandis que par la sculpture particulière du front, par son corselet pourvu de côtes discales, par ses élytres gibbeuses, soudées, à intervalles alternes caréniformes, par les fossettes post-coxales du métasternum et du premier arceau ventral, par la membrane qui garnit la marge externe du corps, il appartient au type caractéristique des Lathridiaires. Il a en outre les antennes insérées latéralement sous le rebord de la tête, à peu près comme les *Langelandia;* son écusson indistinct ou rudimentaire le rapproche des *Langelandia*, des *Metophthalmus* et des *Revelieria ;* et sa pubescence offre plus d'analogie avec celle des *Lathridius* à soies hérissées qu'avec celle des *Corticaria*.

Afin de réunir sous une même formule l'expression de ces rapports essentiels, je modifierai de la manière suivante le tableau des trois branches :

Hanches antérieures

- plus ou moins séparées par le prosternum ; dans le cas contraire, des côtes sur le corselet et les élytres ou bien massue des antennes composée seulement de un ou 2 articles et abdomen de 5 arceaux dans les 2 sexes. *Front*
  - uni, sans sculpture, lisse ou tout au plus finement pointillé. *Épistome* situé sur le même plan que le front, dont il est séparé par une simple strie arquée parfois obsolète. 1re branche. . . . . MÉROPHYSIAIRES.
  - inégal et diversement sculpté, souvent canaliculé au milieu, ou du moins fortement et rugueusement ponctué. *Épistome* séparé du front par une dépression transverse, et ordinairement situé sur un plan inférieur. 2e branche. . . . . LATHRIDIAIRES.
- contiguës. Point de côtes sur le *corselet* et les *élytres*. *Massue antennaire* tri-articulée ; ou, par exception, composée de 2 articles, mais alors 6 segments abdominaux dans les 2 sexes (1). 3e branche. . . . . CORTICARIAIRES.

(1) J'ai dû compléter par cette adjonction la phrase diagnostique de la 3e branche, parce que je n'avais pas tout d'abord fait attention à la singularité que présente la structure de la massue antennaire chez la *Melanophthalma fuscipennis*.

L'exposé des caractères généraux de la 2e branche devra être complété par cette phrase : « Dans un seul genre (*Dasycerus*), les hanches antérieures sont contiguës et l'abdomen est composé de 6 segments, mais les antennes sont capillaires, à massue très lâche de 4 articles et il existe des côtes sur le corselet et les élytres. »

En examinant la page inférieure du corps chez les *Lathridius*, un très habile observateur auquel l'entomologie est redevable de plusieurs importants travaux, M. le docteur G.-H. Horn, de Philadelphie, a remarqué que l'espèce décrite sous le nom de *L. liratus*, Le Conte (New Spec. Col. I, 1863, p. 72), présente une structure anormale dans la famille actuelle, la soudure directe des épimères prothoraciques sur la ligne médiane du sternum. Cette disposition, tout à fait exceptionnelle en dehors du sous-ordre des *Rhynchophora*, exigeait la création d'une coupe nouvelle qui a été indiquée en quelques mots, malheureusement trop courts, par M. le Dr J. Le Conte, et appelée par lui *Stephostethus* (Proceed. Amer. Philosoph. Soc. 1878, p. 600). D'après ce savant auteur, les antennes seraient grêles et plus longues que la tête et le corselet, comme dans les *Lathridius* proprement dits, mais les hanches antérieures seraient coniques, saillantes et contiguës. Ce dernier caractère ne me semble pas devoir faire partie de la formule générique ; car, sans parler d'autres raisons qu'il est superflu d'invoquer, il ne s'appliquerait pas exactement à notre *L. rugicollis* Ol. que M. L. Bedel a signalé à bon droit (Ann. Soc. Ent. Fr. 1882, III, append. p. 2) comme pourvu de la conformation sternale mentionnée tout à l'heure. Ne connaissant pas en nature le *L. liratus* Le C., il m'est impossible de le comparer avec les espèces de l'Ancien Monde qui rentreraient dans le même groupe : aussi je m'abstiens de rédiger une diagnose du genre *Stephostethus* Le C. qui serait forcément inexacte ou insuffisante, et je me borne, en attendant une étude plus complète, à le différencier au moyen de la singularité importante, offerte par la coalescence médiane des épimères prothoraciques.

L'introduction de ces éléments (*Dasycerus* et *Stephostethus*) dans la branche qui nous occupe nécessite une nouvelle rédaction du tableau des genres :

Corps

- allongé, parallèle. Point d'*yeux*. *Antennes* insérées latéralement sous le rebord marginal de la tête. . . . . LANGELANDIA.
- plus ou moins ovalaire ou elliptique. Des *yeux* distincts,
  - supérieurs. *Antennes* de 9-10 articles, avec la massue bi-articulée, logée au repos dans une fossette, sous les angles antérieurs du corselet. . . . . METOPHTHALMUS
  - latéraux. *Antennes* toujours de 11 articles (même lorsque la massue est biarticulée),
    - capillaires, à massue très lâche de 3 ou 4 articles ; insérées latéralement sous le rebord marginal de la tête. Des *côtes* sur le corselet et les élytres ; *celles-ci* soudées et gibbeuses . . . DASYCERUS.
    - non capillaires, insérées en dessus aux angles antérieurs du front. *Corselet* sans côtes longitudinales sur le disque, mais
      - Des *carènes* longitudinales sur le disque du corselet. *Antennes* insérées à peu de distance des yeux ; *ceux-ci* gros. *Élytres* non soudées, offrant 8 séries de points.
        - *Épimères prothoraciques* non coalescentes sur la ligne médiane du sternum. LATHRIDIUS.
        - *Épimères prothoraciques* directement soudées sur la ligne médiane du sternum. STEPHOSTETHUS (1).
      - souvent orné de fossettes. *Écusson*
        - très distinct, transverse. *Yeux* gros. *Antennes* insérées souvent à peu de distance au devant de ceux-ci. *Élytres* non soudées, offrant chacune 8 stries ponctuées. . . . . . . ENICMUS.
        - ponctiforme, peu distinct. *Yeux* assez petits. *Antennes* insérées assez loin au devant de ceux-ci. *Élytres*
          - soudées, gibbeuses, offrant chacune une douzaine de stries ponctuées irrégulières. *Prosternum* assez large entre les hanches antérieures. . . . REVELIERIA.
          - elliptiques ou linéaires, offrant chacune 6-8 stries ponctuées. *Prosternum* très étroit, et parfois même interrompu entre les hanches antérieures. . . CARTODERE.

Obs L'adjonction du genre *Dasycerus* à la branche des Lathridiaires amène naturellement avec elle une légère transposition dans l'ordre qui avait été primitivement adopté pour constituer la série linéaire. Celle-ci commence par les espèces pourvues d'élévations costiformes sur le cor-

(1) De στέφω, entourer, et στῆθος, poitrine.

selet et souvent aussi sur les élytres : *Langelandia*, *Metophthalmus*, *Dasycerus*, *Lathridius* et *Stephostethus*. A leur suite se rangent convenablement les *Enicmus*, dont le pronotum est toujours plus ou moins creusé de fossettes longitudinales. Puis les massives *Revelieria*, ne devant plus être réservées à la fin du groupe pour maintenir une sorte de transition, sont rapprochées des espèces de forme ovale et convexe qui sont les plus nombreuses dans les genres précédents, et en même temps elles se trouvent dans le voisinage immédiat des *Cartodere* avec lesquelles elles ont les plus étroites affinités de structure malgré la diversité de leur apparence. Ces dernières enfin servent très bien de passage vers les *Corticaria* de forme oblongue et souvent subdéprimée.

Genre *Dasycerus*, Brongniart.

Brongniart, Bull. Soc. Philom. (1799), II, pag. 115.

Étymologie : δασὺς, hérissé ; κέρας, corne.

Caractères. *Corps* ovalaire, cilié-membraneux sur les côtés, plus ou moins convexe et hérissé de cils en dessus. *Epistome* allongé, soudé au front, à peine distinct par une dépression. *Antennes* capillaires, de 11 articles, insérées au-dessus des yeux sous la marge frontale qui est relevée en lobe saillant, et terminées par une massue très lâche et peu épaisse de 3 ou 4 articles qui sont hérissés de quelques longs cils verticillés. *Yeux* petits, latéraux et saillants. *Pronotum* pourvu de deux côtes longitudinales très saillantes. *Ecusson* indistinct. *Elytres* soudées, ovales et plus ou moins gibbeuses, ornées longitudinalement de côtes ou de tubercules saillants. *Prosternum* très court en devant des hanches antérieures. *Métasternum* court, creusé dans son milieu d'une large et profonde fossette. *Hanches antérieures* saillantes en dehors des cavités cotyloïdes, contiguës ou à peu près, ainsi que les médiaires ; les postérieures se touchant à l'angle basal, puis séparées par une saillie triangulaire du premier arceau ventral. *Abdomen* paraissant de six segments dans les deux sexes : le premier arceau est seulement un peu plus allongé que le second. *Pattes* grêles. *Tarses* à 2e article plus long que le 1er ; le 3e dépassant les 2 précédents réunis. *Ongles* simples.

Obs. Le genre *Dasycerus* offre un faciès tellement tranché et des caractères si particuliers qu'il est impossible de le confondre avec les autres genres de la famille, à quelque branche qu'ils appartiennent. On le reconnaîtra de suite à ses antennes capillaires, dont la massue très lâche et peu épaisse est composée de 4 articles ; chacun de ceux-ci est entouré d'un verticille de soies assez longues. La présence de côtes sur le corselet et les élytres le séparent en outre des *Enicmus*, des *Revelieria* et des *Cartodere* ; l'insertion des antennes sous un rebord marginal de la tête, ses élytres soudées, gibbeuses, et son écusson rudimentaire le distinguent suffisamment des *Lathridius* et des *Stephostethus* ; il diffère enfin des *Metophthalmus* par le nombre des articles antennaires et par la position latérale des yeux. Quant aux *Langelandia* dont la forme est allongée, parallèle, il serait superflu d'insister sur les nombreux détails morphologiques qui en éloignent le genre actuel.

1. Dasycerus sulcatus, Brongniart.

Courtement ovale, très convexe, d'un brun de poix ou ferrugineux avec les antennes et les pattes pâles, hérissé de cils sérialement disposés sur les côtés du pronotum et des élytres et sur la membrane blanchâtre qui borde le corps. Corselet beaucoup plus étroit que les élytres, dilaté en angle vers le milieu de ses côtés, pourvu sur son disque de deux côtes longitudinales formées par trois gros tubercules, sillonné et fovéolé au milieu. Élytres gibbeuses, distinctement anguleuses aux épaules, à peine une fois et demie aussi longues que larges prises ensemble, profondément ponctuées-striées, offrant les 3e et 5e interstries fortement et également costiformes jusqu'au bout (le 3e ordinairement en saillie tuberculeuse à la base), le 7e et la suture faiblement relevés en côtes.

Long. : 0m002 (9/10e lign.) ; — larg. : 0m0009 (2/5e lign.).

Dasycerus sulcatus, Brongniart, Bull. Soc. Philom. (1799), II, pag. 115 ; pl. 7, fig. 5. — Kuster, Käf. Europ. XIX, 95. — Redtenbacher, Faun. Austr. 3e édit., pag. 425. — J. Duval, Gen. Col. II, pag. 249 ; pl. 58, fig. 290. — Reitter, Stett. Ent. Zeit. 1875, pag. 411.
Dasycerus echinatus, Aragona, de quib. Col. (1839), pag. 29.

Corps brièvement ovale, très convexe, d'un brun de poix ou ferrugineux, avec les antennes et les pattes plus pâles, bordé par une membrane blanchâtre qui se raccornit plus ou moins en vieillissant et forme ainsi des crénelures dentiformes, hérissé, principalement sur les marges latérales et sur les élévations caréniformes du pronotum et des élytres, de cils assez forts à pointe recourbée en arrière, sérialement disposés.

Tête un peu moins longue que large, subtriangulairement rétrécie en devant à partir des yeux, beaucoup plus étroite que le bord antérieur du corselet, munie après les tempes d'un col complètement engagé dans le prothorax et invisible en dessus, dilatée et relevée de chaque côté au-dessus de l'insertion des antennes et vers l'arrière ; surface plus ou moins inégale, parsemée de quelques granulations ciliées, et offrant souvent sur l'occiput des traces de deux tubercules allongés, peu saillants. *Epistome* paraissant soudé au front ; en le regardant de profil et sous un certain jour, on distingue cependant une légère dépression transversale. *Labre* très court, à peine émarginé dans son milieu antérieur.

Antennes très grêles, pubescentes, insérées au-dessus des yeux sous la marge frontale, plus longues que la moitié du corps, composées de 11 articles : les 2 premiers subégaux, globuleux, au moins aussi dilatés que le dernier article de la massue ; les 3e à 7e capillaires, allongés, très légèrement épaissis vers leur sommet ; les 8e à 11e à peine plus courts, pourvus d'un verticille médian de longs poils, formant une massue très lâche, dont le dernier article est subovalaire et comme pédonculé à sa base, tandis que les trois précédents offrent chacun dans leur milieu un renflement globuleux peu sensible chez le 8e, mais graduellement plus fort chez les 9e et 10e.

Yeux petits, n'occupant pas la moitié de l'espace compris entre l'insertion antennaire et le bord postérieur de la tête, arrondis, situés latéralement au dessous de la marge céphalique, mais très saillants et bien distincts même lorsqu'on examine la tête en dessus, séparés du prothorax par des tempes qui égalent le diamètre oculaire.

Pronotum transversal, en hexagone irrégulier, coupé droit à la base, sinueusement échancré de chaque côté en devant, avec les angles antérieurs aigus, dilaté latéralement de manière à former un angle obtus un peu avant le milieu de la marge qui est amincie, explanée et plus ou moins relevée, avec les angles postérieurs obtus, émoussés et aboutissant entre la 2e et la 3e côte discale des étuis ; le disque est orné de chaque côté de son milieu de trois gros tubercules (le médian plus saillant) fortement ciliés (1) et formant deux côtes longitudinales plus ou moins

(1) Quand l'insecte est frais et la pubescence bien conservée, ces côtes tuberculiformes offrent une certaine analogie avec les élévations poilues que plusieurs espèces de *Ptinus* présentent

interrompues, un peu divergentes d'avant en arrière, entre lesquelles on distingue un large sillon, creusé plus profondément en sorte de fossette triangulaire au devant de la base.

Écusson nul ou indistinct.

Élytres en ovale large, soudées et gibbeuses, tronquées droit à la base, avec l'angle huméral bien distinct et saillant (la membrane souvent découpée en dents près de l'épaule), à peine une fois et demie aussi longues que larges prises ensemble, rapidement rétrécies dans leur tiers postérieur et présentant souvent à leur angle apical une petite échancrure triangulaire très distincte (1), profondément ponctuées-striées, avec la suture et les intervalles alternes plus ou moins fortement costiformes et ciliées ; la marge latérale membraneuse est explanée et relevée, avec les cils parfois sensiblement plus longs vers la base des étuis que vers le sommet; la côte suturale est faible, obsolète dans son tiers antérieur ; la 1re côte discale (formée par le 3e interstrie) est entière, souvent fortement renflée et relevée en une sorte de tubercule à sa base, subparallèle à la suture jusque vers la voussure des étuis, puis elle se dirige vers l'angle sutural avec lequel elle se réunit; la 2e côte discale (formée par le 5e interstrie) est presque aussi forte, mais sans renflement basilaire tuberculiforme, elle est parallèle à la 1re et atteint le bord postérieur des étuis; la 3e côte discale (formée par le 7e interstrie) part de l'angle huméral et se dirige subparallèlement à la précédente, elle est entière, mais un peu plus faible quoique toujours bien marquée; le repli épipleural est inférieur, assez large jusqu'au rétrécissement postérieur des élytres, puis étroit, mais distinct jusqu'au bout.

Prosternum raccourci en angle très obtus au devant des hanches antérieures, marqué de chaque côté, le long de celles-ci, de 3 ou 4 gros points ou d'une ligne obsolète.

Mésosternum court, subcaréné sur sa ligne médiane entre les hanches intermédiaires qu'il sépare faiblement.

Métasternum lisse, un peu moins court que le mésosternum, presque aussi long que le 1er arceau ventral, s'avançant entre les hanches intermédiaires en une pointe profondément excavée, à marge caréniforme

sur le pronotum, ainsi que Motschulsky l'a justement fait remarquer, en décrivant le *D. crenatus*.

(1) Cette petite échancrure triangulaire existe également chez le *D. crenatus*, et je crois pouvoir affirmer, sans en avoir pourtant la certitude complète, que c'est là un caractère sexuel du ♂. — Je n'ai pu constater s'il en était de même pour les autres espèces du genre, parce que je n'ai vu de chacune d'elles qu'un ou deux représentants.

très fine, fortement creusé dans sa partie médiane d'une fossette traversée au milieu par un sillon.

Abdomen de 6 segments dans les deux sexes : le 1er plus long que le suivant, s'avançant en une courte saillie triangulaire dont la pointe sépare les hanches postérieures, creusé derrière chacune de celles-ci d'une forte fossette arrondie à bords lisses qui est reliée à sa collatérale par une dépression sulciforme transverse ; le 2e et les suivants courts, décroissant peu à peu jusqu'au 6e qui est obconique et plus allongé que le pénultième ; tous sont lisses, à l'exception d'une ligne transversale de points très fins qui longe le bord postérieur de chaque arceau.

Hanches antérieures subcontiguës : les médianes sont distinctement mais faiblement écartées; les postérieures se touchent presque à leur base, puis elles sont triangulairement séparées par la saillie intercoxale de l'abdomen.

Cuisses et *tibias* sublinéaires ; ceux-ci un peu plus larges dans leur moitié basilaire que dans leur moitié apicale ; ciliés sur leur tranche externe. *Tarses* ayant leur 1er article assez court, le 2e plus allongé ; le 3e surpasse en longueur les 2 précédents réunis. *Ongles* simples.

Habitat. D'après une notice intéressante publiée par Müller (in Germ. Mag. d. Ent. ii, p. 274), le *D. sulcatus* vit dans les bois, sous la mousse du pied des arbres, et parfois dans les bolets. Il a été capturé sur des points très divers de notre territoire, à Paris, à Lyon, dans le Bugey, et dans plusieurs de nos départements méridionaux. J'en ai vu également des exemplaires de Suisse, d'Autriche et d'Italie.

Obs. Plusieurs collections renferment, sous le nom de *D. echinatus* Aragona, des échantillons recueillis aux environs de Vienne (Autriche). Au premier abord, on les prendrait pour une espèce distincte à cause de la présence de cils très forts le long de la tranche latérale du corselet, et à cause de l'inégalité des cils qui garnissent le bord externe des étuis et qui sont sensiblement plus longs en avant qu'en arrière. Mais, si ces caractères paraissent manquer à un certain nombre de *D. sulcatus*, il n'est pas rare de capturer, vivant pêle-mêle avec les exemplaires qui en sont dépourvus, d'autres individus qui les possèdent à des degrés divers. Aussi il me semble fort probable que ces divergences proviennent uniquement, (comme cela a lieu chez les Lathridiens du sous-genre *Coninomus*), de l'état plus ou moins frais de l'insecte. Peu de temps après la terminaison de la nymphose, le desséchement des tissus n'a pas encore fait raccornir l'appendice membraneux qui longe le corps, et le frottement n'a pas usé les cils grossiers et caducs qui naissent de la membrane latérale. Les particularités signalées tout à l'heure ne suffisent donc pas, à mon avis, pour différencier spécifiquement le *D. echinatus* Aragona du *D. sulcatus*, et comme les côtes des étuis sont également entières et offrent une disposition absolument identique, je ne puis y voir qu'un simple synonyme.

Le *D. interruptus* Reitter, qui m'est inconnu, doit, d'après la description que l'auteur en a donnée primitivement sous le nom d'*echinatus* (Stett. Ent. Zeit. 1875, p. 411), offrir le même genre de ciliation et ressembler beaucoup au véritable *D. sulcatus ;* mais il s'en distinguerait par l'élévation costiforme du 3e intervalle des élytres réduite à une forte carène juxta-scutellaire et par le raccourcissement (vers la base) de la côte discale formée par le 5e interstrie.

Il est impossible de confondre l'espèce actuelle avec le curieux insecte découvert dans le sud de l'Espagne (Algeciras) par M. Dieck et décrit par M. Reitter sous le nom de *D. elongatus*. Celui-ci est, en effet, de forme plus étroite et plus allongée ; ses élytres en ovale régulier sont environ 2 fois aussi longues que larges prises ensemble, avec les épaules subarrondies, et la première côte (formée par le 3e interstrie) est également relevée sur tout son parcours sans dilatation basilaire tuberculiforme.

Quant au *D. crenatus* Motsch., du Caucase, il est extrêmement voisin du *D. sulcatus ;* mais, si j'en juge par les exemplaires de ma collection, la ciliation est égale, les bords latéraux du corselet sont subarrondis ou du moins ne forment pas un angle très distinct, les côtes discales des étuis sont médiocrement élevées (la 1re à peine dilatée vers la base), toutes se dirigent vers le sommet et sont plus ou moins oblitérées avant de l'atteindre.

Genre *Cartodere*, Thomson.

2. Cartodere elegans, Aubé. (1)

Allongée, étroite, subdéprimée, glabre, d'un roux testacé, rugueusement ponctuée sur la tête et le pronotum. Yeux séparés du corselet par

(1) Lorsque j'ai publié la première partie de ce travail, je ne connaissais pas en nature l'insecte décrit par Aubé, et j'ai dû me borner à eu rédiger une diagnose un peu incomplète.

des tempes allongées. Massue antennaire de 3 articles, assez tranchée. Corselet légèrement cordiforme, un peu plus étroit en arrière, les bords latéraux à peine arrondis ; offrant une impression transversale bien distincte au devant de la base. Élytres très allongées, elliptiques, plus larges que le corselet et près de 4 fois aussi longues que lui, subdéprimées et marquées de 8 stries très fortement ponctuées, dont la suture et les intervalles alternes sont tous relevés en carènes assez saillantes.

♂ *Premier arceau ventral* marqué dans son milieu d'un sillon longitudinal qui se prolonge sur les segments suivants.

♀ *Arceaux du ventre* simples.

Long. : 0m0013 (3/5 lign.); — larg. : 0m00035 (1/6 lign.).

Corps allongé, étroit, subdéprimé, assez luisant, d'un roux testacé entièrement glabre.

Tête allongée, en trapèze, à peine moins large que le bord antérieur du corselet, couverte d'une grosse ponctuation rugueuse, offrant sur le vertex et presque contiguë au pronotum une très faible dépression fovéiforme qu'on n'aperçoit bien qu'à un certain jour, un peu prolongée en arrière des yeux avec les angles subarrondis. *Joues* creusées d'une scrobe destinée à faciliter le jeu des premiers articles antennaires. *Épistome* court, séparé du front par une dépression arquée, situé sur un plan inférieur, et aboutissant de chaque côté à l'insertion des antennes. *Labre* transverse, subarrondi aux angles antérieurs.

Antennes peu robustes, insérées en dessus à l'angle antérieur du front, moins longues que la tête et le corselet réunis, composées de 11 articles : le 1er épais, presque orbiculaire, assez allongé ; le 2e subovoïde, un peu moins large et moins long que le 1er, n'égalant pas les 2 suivants réunis ; le funicule assez mince commence au 3e article qui est court, à peine plus long que large ; 4e et 5e un peu plus longs chacun que le précédent ; les 6e à 8e assez serrés, presque globuleux, subégaux ; les 9e à 11e formant une massue allongée, pas très brusque, quoique nettement plus épaisse que le funicule, (l'épaisseur égale environ celle du 2e article) ; les articles 9e et 10e sont subcylindriques, subégaux, presque aussi longs que larges ; le 11e est subovale et plus long que le précédent.

Yeux petits, assez saillants, n'occupant pas tout à fait un tiers de la

Je suis heureux de pouvoir aujourd'hui combler cette lacune, et assurer que l'espèce répond exactement aux caractères indiqués dans le tableau (1re partie, pag. 146).

partie latérale de la tête à partir de l'insertion antennaire, séparés du corselet par les tempes qui égalent au moins le diamètre oculaire.

Pronotum légèrement cordiforme, presque aussi long que large, un peu plus étroit que les élytres, rétréci en arrière, à peine marginé relevé sur les bords latéraux qui sont très faiblement arrondis et crénelés, longés par une légère impression ; un peu étranglé avant la base, avec une impression transverse assez distincte ; coupé droit en devant avec les angles antérieurs arrondis, et à la base avec les angles postérieurs droits faisant face à la 5e strie des élytres ; la surface est couverte d'une ponctuation rugueuse et très grossière.

Écusson très petit, ponctiforme, peu distinct.

Élytres oblongues, elliptiques, plus larges que le corselet et près de 4 fois aussi longues que lui, subdéprimées avec les épaules subarrondies, très peu dilatées sur les côtés et s'arrondissant ensemble à l'extrémité qui recouvre en entier l'abdomen ; très fortement ponctuées-striées, avec les intervalles très étroits, linéaires et crénelés par les points qui forment 8 séries ; la suture et la marge sont relevées en côtes très nettes ainsi que les intervalles alternes ; la côte du 3e interstrie se rapproche un peu de la suturale vers la voussure, mais sans s'y réunir ; celle du 7e interstrie forme à la base un calus huméral assez saillant et se recourbe vers l'extrémité parallèlement au bord postérieur pour rejoindre la suturale un peu au dessous de la voussure ; le repli épipleural est inférieur, médiocre, à peu près égal dans toute sa longueur, assez fortement creusé, sans ligne longitudinale de points, réduit à une tranche vers le 5e arceau ventral.

Prosternum très étroit, séparant un peu les hanches antérieures, entre lesquelles il n'égale pas la largeur du trochanter ; tout le propectus est couvert d'une ponctuation rugueuse plus ou moins grossière.

Mésosternum court, formant entre les hanches intermédiaires une plaque médiocre, mais distinctement plus large que celle du prosternum ; médipectus couvert d'une ponctuation rugueuse et grossière.

Métasternum allongé sur les flancs, mais égalant à peine dans son milieu la moitié du premier arceau ventral, couvert d'une ponctuation grossière et rugueuse, sans impressions transversales ni longitudinales, subarcuément émarginé entre les hanches postérieures par la saillie intercoxale du ventre.

Abdomen de 5 segments : le 1er très grand, plus long que les deux suivants pris ensemble, couvert d'une ponctuation très grosse et fovéolée, pas très serrée ; les 2e à 5e arceaux sont courts, subégaux entre eux, et plus ou moins grossièrement ponctués surtout à la base, ce qui les fait paraître plus ou moins déprimés transversalement en cet endroit ; le milieu du 1er arceau ventral chez le ♂ est marqué d'un sillon longitudinal assez large et profond, qui se prolonge sur les arceaux suivants, en s'oblitérant peu à peu.

Hanches antérieures insérées un peu après le milieu du prosternum, presque contiguës ; les médianes nettement séparées ; les postérieures le sont beaucoup plus encore.

Cuisses robustes, un peu renflées au milieu. *Tibias* courts, peu épais, paraissant subarqués extérieurement. *Tarses* ayant leurs 2 premiers articles courts, subégaux ; le 3e égale les 2 précédents réunis. *Ongles* simples.

HABITAT. Cet insecte, que le Dr Aubé avait pris en France, dans l'intérieur de son appartement, a été retrouvé sur les murs d'une écurie à Bozen (Tyrol) par M. Reitter ; c'est de là que proviennent les exemplaires de ma collection.

OBS. Par les côtes de ses élytres, la *C. elegans* appartient à la première section du genre actuel, et ses yeux sont, comme ceux des espèces de cette section, séparés du corselet par des tempes allongées.

Le nombre des côtes et la longueur beaucoup moindre de la tête la distinguent suffisamment de l'espèce remarquable d'Algérie à laquelle j'ai donné le nom de *Godarti*. Cette dernière était déjà connue par des échantillons provenant du Mexique et décrits par M. Reitter dans les *Verhandlungen d. KK. Zool. Ges.* (Wien 1877, pag. 183, n. 36), sous le nom tout à fait caractéristique de *bicostata* qui devra prévaloir. Eu égard au cosmopolitisme d'un grand nombre de Lathridiens, une pareille différence d'habitat n'a rien de surprenant, et, d'autre part, l'excellente description qui avait échappé à mes recherches bibliographiques ne peut laisser aucun doute sur l'identité spécifique de la *Godarti* avec la *bicostata*. L'auteur, ayant eu sous les yeux plusieurs exemplaires, a pu découvrir que le ♂ a le 7e article des antennes un peu dilaté ; il a également observé, à un fort grossissement, la présence de quelques poils très fins, presque sérialement disposés sur le disque des étuis.

Sans parler des différences morphologiques assez nombreuses qu'il sera facile de relever en comparant les descriptions détaillées, la véritable *C. elegans* est entièrement glabre, et ne peut, par conséquent, être confondue avec la *pilifera*, qui est hérissée de poils blanchâtres très fins.

Le même caractère la sépare aussi d'une espèce, dans laquelle le savant auteur de la Révision des Lathridiides avait cru d'abord reconnaître l'insecte d'Aubé, et que j'ai mentionnée aux additions et rectifications (Ire partie, pag. 203). Cette dernière, recueillie en Belgique, où d'après de nouveaux renseignements elle a été probablement importée avec du tabac provenant des Indes Occidentales, est très voisine de la *pilifera*, dont elle partage la fine villosité. Mais les 4e et 5e articles de ses antennes sont beaucoup plus allongés que ceux qui les entourent et presque 2 fois plus longs que larges ; le corselet est transverse, à côtés relevés, et orné sur le disque d'une large gouttière longitudinale médiocre, plus ou moins obsolète, et d'une impression transverse antébasilaire. Chez la *pilifera*, au contraire, les 4e et 5e articles des antennes sont à peine plus longs que larges et diffèrent peu de la longueur de leurs voisins ; le corselet est presque aussi long que large, à côtés non relevés, et le disque est normalement convexe, dépourvu d'impression transverse à la base. M. Reitter m'a fait la gracieuseté de me dédier cette espèce : elle s'appellera donc désormais *C. Beloni* Reitter, *Deutsche entom. Zeitschr.* XXVI, fasc. I, pag. 164. = *C. elegans* Reitter (non Aubé) *Bestimmungs-Tabellen* III, pag. 16.

Dans l'*Exploration du Turkestan*, par le Dr Fedschenko (1876, p. 264), M. Solsky a décrit, sous le nom de *Lathridius parallelipennis*, une *Cartodere* qui est vraisemblablement identique à la *C. pilifera*, si j'en juge du moins par la diagnose latine, car je n'ai pu profiter du texte russe. A part le mot « *glaber* » qui serait inexact, s'appliquant à une espèce pourvue d'une villosité extrêmement fine mais distincte, tout le reste convient parfaitement à la *C. pilifera*, et je présume que l'auteur n'a pas saisi ce caractère important, faute d'avoir examiné l'insecte de profil.

Le *Permidius inflaticeps* Motschulsky de Crimée, que j'ai rapporté sans hésitation à l'*elegans* (Ire partie, pag. 151), pourrait bien néanmoins en différer par la forme de la tête qui, d'après la description (*Bull. Mosc.*, 1866, III, pag. 265), doit être « convexe et renflée en arrière ». Si l'étude de ces charmants petits insectes n'était trop généralement négligée, il serait peut-être facile aux entomologistes russes de nous fournir là-dessus des renseignements plus précis.

TROISIÈME BRANCHE

CORTICARIAIRES

CARACTÈRES. *Corps* de forme ovalaire, plus ou moins allongée. La *couleur* est en général assez uniforme, depuis le testacé clair jusqu'au noir profond ; quelques espèces seulement sont nettement bicolores en dessus, ou offrent une apparence de dessin sur les étuis ; on ne connaît encore qu'une *Corticaria* ornée de teintes métalliques. La *pubescence* ne fait presque jamais défaut : hérissée ou déprimée, courte ou allongée, elle est plus ou moins dense, et d'ordinaire sérialement disposée sur les élytres. Il en est de même de la *ponctuation*, qui est bien distincte et souvent assez forte. *Front* uni, sans sculpture particulière, situé sur le même plan que l'épistome, dont il est séparé par une strie plus ou moins distincte. *Massue antennaire* parfois très lâche, composée de trois ou quatre articles, excepté chez la *Melanophthalma fuscipennis*, où elle est seulement bi-articulée. *Hanches antérieures* contiguës. *Abdomen* composé de six segments chez les ♂ et parfois aussi chez les ♀.

Les espèces européennes peuvent se grouper dans les trois genres suivants :

Antennes	composées de 11 articles. *Abdomen*	de 6 arceaux chez le ♂, de 5 seulement chez la ♀. *Côtés du pronotum* finement dentés. *Corps* allongé, subparallèle	CORTICARIA.
		de 6 arceaux dans les deux sexes. *Côtés du pronotum* à peine crénelés. *Corps* court, ramassé.	MELANOPHTHALMA.
	de dix articles. *Pronotum* court et large, à denticulation assez forte. *Abdomen* de six arceaux dans les deux sexes.		MIGNEAUXIA.

OBS. Dans le travail publié naguère (Ann. Soc. Ent. Fr., 1881, pag. 375 et suiv.) par notre honorable collègue M. Henri Brisout de Barneville, les *Melanophthalma* et les *Migneauxia* sont considérées comme de simples divisions de l'ancien genre *Corticaria* Marsh., tel que l'avait compris le comte Mannerheim. Cette manière de voir, malgré les raisons qui ont pu induire le savant auteur à l'adopter de préférence, ne me paraît pas admissible. L'étude minutieuse des diverses parties du corps a en effet révélé plusieurs différences importantes de structure qui avaient échappé à la perspicacité des premiers monographes, et bien que MM. Thomson (Skand. Coleop., V, pag. 224), Redtenbacher (Faun. Austr. 3e édit., pag. 420), et Seidlitz (Faun. Balt., pag. 168), tout en tenant compte de ces détails essentiels pour la disposition systématique des espèces, n'aient pas cru devoir leur accorder une valeur générique, (du moins en ce qui concerne les *Melanophthalma*), il semble plus logique d'appliquer ici les principes qui ont justifié la création d'un grand nombre d'autres genres. A coup sûr, s'il s'agissait d'insectes ayant la taille des Carabes ou des Lucanes, personne ne se méprendrait sur la nécessité de séparer génériquement des groupes, dont chacun possède un faciès assez tranché que l'exiguïté même des proportions n'empêche pas un œil tant soit peu exercé de reconnaître aisément.

Genre *Corticaria*, Marsham.

Marsham, Entom. Brit. (1802), I, pag. 106.

Etymologie : *Cortex*, écorce.

Caractères. *Corps* oblong, plus ou moins ovalaire, tantôt convexe, tantôt assez déprimé, pubescent. *Front* uni, séparé de l'épistome par une strie ordinairement distincte. *Antennes* de 11 articles, insérées en dessus à l'angle antérieur du front et terminées par une massue de 3 articles. *Yeux* latéraux, globuleux, souvent proéminents, composés de facettes assez grossières. *Pronotum* sans côtes discales, non rebordé latéralement mais assez distinctement crénelé et denticulé, presque toujours pourvu au devant de sa base d une fossette arrondie. *Ecusson* très distinct. *Élytres* recouvrant entièrement l'abdomen, ornées d'une ponctuation et d'une pubescence sérialement disposées (ordinairement 8 stries avec les intervalles pointillés. *Prosternum* normalement raccourci en angle obtus au devant des hanches antérieures, et marqué le long de celles-ci d'une fossette ovale transverse, plus ou moins pubescente. *Métasternum* fovéolé ou sillonné longitudinalement dans sa moitié postérieure. *Hanches* antérieures contiguës ou subcontiguës, les médianes et les postérieures inégalement distantes. *Abdomen* de 5 ou 6 segments selon les sexes : le 1er le plus long, les 3 suivants courts ; le 5e ordinairement un peu plus long que chacun de ceux-ci, parfois plan, mais plus souvent marqué de fossettes ou de dépressions; le ♂ possède un 6e petit segment additionnel, un peu recouvert par le précédent (1). *Tarses* à 1er article plus long que le 2e; le 3e au moins égal aux 2 précédents réunis. *Ongles* simples.

Obs. En créant ce genre, Marsham y avait introduit des éléments étrangers à la famille actuelle, tels que *Cortic. dentata* et *Cortic. bipunctata* qui appartiennent, la première aux *Sylvanus*, la seconde aux *Psammæcus*. Indépendamment de cette élimination nécessaire, il a fallu songer aussi, dans un but d'utilité pratique, à restreindre la formule primitive, devenue trop vaste par suite du nombre toujours croissant des espèces. Les efforts tentés pour résoudre ce difficile problème ont déjà obtenu quelques résultats satisfaisants, et il est permis d'espérer qu'une étude plus approfondie de toutes les formes représentées sur le globe fournira aux futurs monographes les moyens de répartir les Corticariaires en groupes homogènes et délimités avec précision. Quoi qu'il en soit de l'avenir, nous pouvons dès à présent réserver le nom de *Corticaria* aux espèces dont les antennes sont composées de 11 articles et dont l'abdomen ne possède que 5 arceaux dans l'un des sexes. A ces caractères essentiels, il convient d'en ajouter quelques autres, d'ordre secondaire, il est vrai, mais qui contribuent à donner au groupe actuel une physionomie distincte : la forme générale du corps est allongée, au lieu d'être ramassée comme dans les deux genres suivants; le corselet est presque toujours non seulement crénelé sur les côtés, mais armé de véritables denticules plus tranchés vers la base ; les élytres sont tantôt convexes, et alors leur pubescence diversement disposée est plus longue que chez les *Melanophthalma*, tantôt notablement déprimées, ce qui n'a pas lieu parmi ces dernières ; le métasternum, ordinairement échancré en angle obtus à son bord postérieur, est à peu près constamment marqué dans sa seconde moitié d'une dépression fovéiforme ou d'un sillon longitudinal ; le 1er segment abdominal n'offre jamais les 2 lignes obliques qu'on aperçoit dans la première section des *Melanophthalma;* les tibias antérieurs du ♂, au lieu d'offrir une saillie dentiforme, comme dans la deuxième section des *Melanophthalma*, sont seulement plus ou moins sinués et ciliés sur leur tranche interne, ou même simples; enfin, con-

(1) Chez quelques espèces, le 6e segment du ♂ m'a paru faire partie de l'armure génitale plutôt que de l'enveloppe externe; car on ne pouvait le distinguer que lorsque le pénis était saillant. En l'absence de dissections anatomiques qui élucideraient peut-être cette question, je dois me borner à signaler mon impression personnelle, laissant à de plus habiles le soin de vérifier si elle est exacte.

trairement à la structure normale des *Melanophthalma*, on rencontre souvent ici sur le dernier arceau ventral des fossettes et impressions communes aux deux sexes ou caractéristiques de l'un d'entre eux.

S'il est assez facile de reconnaître à première vue les insectes qui appartiennent aux *Corticaria* proprement dites, la détermination spécifique présente, au contraire, des difficultés sérieuses, qui ne peuvent guère être surmontées que par l'examen d'un certain nombre d'individus mâles et femelles. C'est, en effet, dans les caractères sexuels externes que j'ai cru rencontrer le plus de fixité relative et par conséquent le principal moyen de délimiter quelques groupes ou de discerner sûrement plusieurs espèces très voisines. La forme générale du corps, convexe ou déprimée, la structure du corselet, ses denticulations latérales, la ponctuation tant du prothorax que des élytres, les rugulosités ou la légère saillie des intervalles offrent une telle multitude de variations qu'il est souvent impossible d'en donner une diagnose absolue et saisissable sans un terme de comparaison. Qu'on ajoute à cela les fréquentes illusions d'optique occasionnées par le jeu de la lumière à travers la pubescence diversement disposée qui recouvre la surface du corps, et l'on s'expliquera pourquoi les descriptions des premiers auteurs, rédigées maintes fois d'après des matériaux insuffisants, sont d'une interprétation si malaisée, ou bien séparent en plusieurs espèces des insectes appartenant assurément à une seule.

Afin d'éviter une surcharge, dont l'unique résultat serait probablement de rendre le travail de détermination encore plus compliqué, je n'ai compris dans le tableau suivant que les espèces rencontrées jusqu'ici sur notre territoire en France et en Corse :

A. *Pubescence* longue (1). *Corps* ordinairement assez convexe.
- B. *Cinquième arceau ventral* creusé d'une fossette médiane arrondie et profonde dans les 2 sexes (1er groupe).
  - a. *Corselet* plus étroit que les élytres. — ♂ *Tibias antérieurs* presque droits intérieurement. — ♀ 4e *arceau ventral* marqué d'une fossette médiane comme le 5e. . PUBESCENS.
  - aa. *Corselet* aussi large que les élytres. — ♂ *Tibias antérieurs* sinués intérieurement. — ♀ 5e *arceau ventral* seul fovéolé.
  - b. *Pubescence* des élytres mi-relevée. . . . . OLYMPIACA.

(1) La *C. elongata*, qui appartient à la division AA, est couverte d'une pubescence serrée assez longue; mais elle est facilement reconnaissable à son corps linéaire, déprimé, avec le corselet presque rectangulaire et aussi large que les élytres.

bb. *Pubescence* des élytres couchée. . . . . CRENULATA.

BB. *Cinquième arceau ventral* plan, au moins dans l'un des sexes, ou marqué seulement d'une dépression transverse plus ou moins sensible (1).

C. *Métasternum* court, égalant à peine la moitié du 1er arceau ventral. *Corps* court, ramassé, fortement convexe. *Elytres* environ 2 fois aussi longues que larges prises ensemble (2e groupe) . . . . . . SYLVICOLA.

CC. *Métasternum* de même longueur ou à peu près que le 1er arceau ventral. *Corps* assez allongé, moins convexe. *Élytres* sensiblement plus de 2 fois aussi longues que larges prises ensemble (3e groupe).

D. *Corselet* non cordiforme, également arrondi au milieu des côtés, à fossette médiane antébasilaire nulle ou presque oblitérée. *Cinquième arceau ventral* plan chez le ♂ (2).

c. *Taille* plus avantageuse (au moins 2 millimètres). *Élytres* subconvexes, offrant les points des intervalles à peine plus faibles que ceux des stries. . ILLAESA.

cc. *Taille* inférieure (guère plus de 1 millimètre et 1/2). *Élytres* un peu déprimées, offrant les points des stries ocellés assez forts, et ceux des intervalles notablement plus faibles. . . . . MONTICOLA.

DD. *Corselet* cordiforme, plus ou moins élargi avant le milieu, à fossette antébasilaire arrondie ou transverse, bien marquée. *Cinquième arceau ventral* orné chez le ♂ d'une dépression transverse plus ou moins sensible. . FULVA.

AA. *Pubescence* courte, presque toujours couchée. *Corps* tantôt convexe, tantôt plus ou moins déprimé.

E. *Corps* étroit, cylindrique, un peu convexe. *Élytres* à ponctuation forte, offrant des séries égales de petits points rigides (4e groupe). . . . . UMBILICATA.

EE. *Corps* non régulièrement cylindrique. *Élytres* sans séries de poils relevés.

F. *Tous les articles* des antennes allongés, non transverses. *Côtés du corselet* à peine visiblement crénelés. *Élytres* assez nettement creusées en stries, avec les intervalles légèrement relevés, non ruguleux (5e groupe). IMPRESSA.

FF. *Le dernier article* au moins du funicule antennaire, et

(1) Une espèce française (*C. sylvicola*), dont le ♂ seul m'est connu, présente au milieu du 5e arceau une petite fossette arrondie. Au cas où, contrairement à ce que l'analogie donne lieu de supposer, la ♀ serait aussi pourvue d'une fovéole abdominale, la forme courte et un peu ramassée de l'insecte, la pubescence dressée sur les élytres, la brièveté relative du métasternum, etc., empêcheront de le confondre avec ceux du groupe précédent.

(2) Le ♂ de la *C. monticola* n'est pas connu ; mais la grande affinité de cette espèce avec l'*illaesa* permet de conjecturer que ce caractère lui convient aussi.

souvent aussi le dernier article de la massue, transverses ou à peine aussi longs que larges. *Côtés du corselet* toujours distinctement crénelés, et denticulés au moins en arrière. *Elytres* à ponctuation sériale plus ou moins forte, mais non creusées en stries.

G. *Cinquième arceau* de l'abdomen orné de fossettes ou dépressions au moins dans l'un des sexes ; dans le cas contraire, corselet cordiforme d'un noir de poix et élytres ferrugineuses rembrunies autour de l'écusson (1). (6e groupe).

H. *Corselet* en carré transverse, latéralement arrondi au milieu, presque aussi large que les élytres, n'offrant au devant de l'écusson qu'un vestige de fossette ou une fovéole très légère.. . . . . SAGINATA

HH. *Corselet* cordiforme ou subcordiforme, ayant sa plus grande largeur avant le milieu, plus étroit à la base que les élytres, offrant ordinairement au devant de l'écusson une fossette bien marquée.

I. *Cinquième arceau ventral* du ♂ non creusé d'une forte dépression semi-circulaire, mais simplement fovéolé ou légèrement déprimé ; celui de la ♀ fovéolé ou plan. *Taille* ordinairement inférieure (atteignant rarement 2 millim.).

K. *Yeux* contigus ou subcontigus au bord antérieur du corselet, et n'étant point suivis par un tubercule temporal, mais tout au plus par une collerette de poils. *Corps* plus ou moins convexe.

d. *Convexe*, à pubescence grise. *Corselet* un peu plus arrondi sur les côtés avant le milieu, et presque aussi large en cet endroit que les élytres. *Celles-ci* ovales, plus fortement striées-ponctuées. *Coloration* au moins partiellement plus claire.

e. Ovale *allongé*. *Ponctuation* prothoracique forte et ruguleuse. Coloration normale : roux, avec les élytres d'un brun noir ou rougeâtre. . SERRATA.

ee. Ovale *plus court*. *Ponctuation* prothoracique moins ruguleuse. Entièrement d'un roux ferrugineux. . . . . CLAIRI.

dd. Légèrement *déprimé*, à pubescence d'un cendré

(1) J'ai vu seulement quelques exemplaires ♀ de la *C. corsica*. D'autre part, MM. Brisout de Barneville et Reitter, ne parlant pas de la structure du 5e arceau ventral, j'ignore si cet arceau est fovéolé chez le ♂, ou bien s'il est plan comme celui de la ♀. Quoi qu'il en soit, la forme du corselet et la coloration constante de cette espèce suffiront à indiquer qu'il ne faut pas la chercher dans la division GG.

obscur. *Corselet* moins arrondi sur les côtés, nettement plus étroit que les élytres. *Celles-ci* subparallèles, plus allongées, à ponctuation sériale moins forte. . . . . OBSCURA.

KK. *Tempes* formant en arrière des yeux une saillie tuberculeuse surmontée d'un bouquet de poils. *Corps* plus ou moins déprimé (7e groupe).

f. *Coloration* uniforme, d'un rouge ferrugineux plus ou moins clair. *Interstries* des élytres assez rugueux transversalement.

g. *Taille* plus petite (1 millim. et 1/2). *Métasternum* orné dans sa moitié postérieure d'une dépression fovéiforme.

h. *Corselet* souvent plus long que large, parfois un peu transverse. *Élytres* un peu convexes, visiblement arrondies sur le milieu des côtés. . . LONGICOLLIS.

hh. *Corselet* toujours fortement transversal. *Élytres* moins convexes, à peine arrondies sur le milieu des côtés. . . . . CRENICOLLIS.

gg. *Taille* un peu plus forte (presque 2 millim.). *Métasternum* orné dans sa moitié postérieure d'un sillon en forme de trait. . . . . EPPELSHEIMI.

ff. D'un noir de poix, avec les élytres ferrugineuses, rembrunies autour de l'écusson et parfois au sommet et sur les côtés. . . . . CORSICA.

II. *Cinquième arceau ventral du* ♂ creusé d'une dépression semicirculaire; celui de la ♀ orné au milieu d'une fossette plus ou moins large. *Taille* de 2 mill. au moins (8e groupe).

i. *Subdéprimé.* Une *saillie* tuberculeuse en arrière des yeux. *Sillon métasternal* s'étendant sur la moitié du segment. . . . . BELLA.

ii. Entièrement *aplati*. *Point de saillie* tuberculeuse post-oculaire. *Sillon métasternal* s'étendant sur les deux tiers du segment. *Hanches* antérieures subcontiguës. . . . . CUCUJIFORMIS.

GG. *Cinquième arceau ventral* plan dans les 2 sexes (9e groupe).

j. *Corps* déprimé, à pubescence un peu plus longue. *Corselet* subquadrangulaire, à peu près aussi large que les élytres. *Celles-ci* ponctuées-striées jusqu'au bout. ELONGATA.

jj. *Corps* convexe, à pubescence rare et courte. *Corselet* beaucoup plus étroit que les élytres. *Celles-ci* à stries ponctuées, obsolètes après le milieu. . . . . . FENESTRALIS.

En tête du genre, et avant notre premier groupe, on peut placer une espèce d'Espagne, espèce d'autant plus remarquable par sa coloration d'un noir bronzé à reflets verdâtres ou bleuâtres qu'elle est jusqu'ici la seule de la famille actuelle à posséder des teintes métalliques. Contrairement aussi à ce qui a lieu chez toutes ses congénères, ses antennes et ses pattes sont noires comme le dessous du corps, et sa pubescence est obscure et assez dense. De même forme générale que la *C. pubescens*, elle est néanmoins un peu plus petite (2 à 2,2 millim.) et plus svelte; son corselet est encore plus étroit, plus cordiforme et plus rétréci en arrière. Elle a été décrite par M. Reitter sous le nom de *C. metallica* Verh. d. KK. zool. bot. Ges.-Wien 1874, pag. 526). L'auteur ne dit rien des caractères sexuels.

1er GROUPE.

Les trois espèces suivantes constituent dans le genre qui nous occupe un groupe bien tranché et immédiatement reconnaissable à la ponctuation des élytres. Celles-ci, en effet, n'offrent point, comme d'ordinaire, des rangées striales assez nettes avec des interstries réguliers, mais elles sont plutôt couvertes de séries plus ou moins irrégulières et très rapprochées de points à peu près également gros et assez éloignés les uns des autres dans le sens de la longueur, ce qui leur donne un aspect différent. Outre leur faciès particulier, les *Cortic. pubescens*, *olympiaca* et *crenulata* possèdent en commun plusieurs caractères essentiels qui servent à leur distinction systématique : le principal réside dans le cinquième arceau ventral qui est creusé d'une fossette médiane arrondie et profonde dans les 2 sexes, mais il faut ajouter que leur taille est avantageuse (2 à 3 millim.), leur convexité sensible, leur pubescence longue, et le 2e article de leur massue antennaire n'est point transversal.

1. **Corticaria pubescens**, HUMMEL.

Ovale-oblongue, d'un brun ferrugineux, ou d'un ferrugineux souvent rembruni par places, dessous noir, antennes et pattes ferrugineuses; couverte d'une longue pubescence couchée. Tous les articles des antennes, y compris la massue, visiblement plus longs que larges. Tête à ponctuation éparse assez forte. Corselet ponctué de même, subcordiforme, beaucoup moins large que les élytres, même à son tiers antérieur où se trouve le maximum de dilatation, plus ou moins crénelé-denticulé sur les côtés, e orné d'une profonde fossette arrondie au devant de l'écusson. Élytres allongées, fortement et densément ponctuées en 8 séries un peu irrégulières, avec les intervalles subrugueux à ponctuation sériale presque d'égale force. Métasternum subégal au premier segment de l'abdomen, creusé dans sa moitié postérieure d'un sillon longitudinal qui s'élargit en fossette assez profonde. Cinquième arceau ventral offrant dans les 2 sexes une grande fossette médiane arrondie.

♂ *Tibias antérieurs* légèrement subsinués vers le sommet de leur face interne et pourvus d'une petite épine apicale. *Premier article des tarses antérieurs* un peu dilaté et garni de longs poils. Un 6e petit arceau ventral supplémentaire à peine distinct.

♀ *Tibias antérieurs* droits. *Premier article des tarses antérieurs* non dilaté. Point de 6e segment ventral. Une *fossette* médiane sur le 4e arceau, comme sur le 5e.

Long. : 0m0025 à 0m003 (1 1/6 à 1 2/5 lign.) ; — larg. : 0m0009 à 0m001 (2/5 à 1/2 lign.).

Lathridius pubescens, HUMMEL, Essais entom. III, pag. 26. — GYLLENHAL, Ins. Suec. IV, pag. 123, n. 1.
Corticaria pubescens, MANNERHEIM, in Germ. Zeitschr. V, pag. 17, n. 1. — WATERHOUSE, Trans. Ent. Soc. Lond. V, pag 134, n. 1. — REITTER, Stett. ent. Zeit. 1875, pag. 417. — H. BRISOUT DE BARNEVILLE, Ann. Soc. ent. Fr. 1881, pag. 389, n. 10.
Corticaria punctulata. MARSHAM, Ent. Brit. I, pag. 109, n. 8.
Corticaria piligera, MANNERHEIM, in Germ. Zeitschr. V, p. 19, n. 2.
Corticaria grossa, LE CONTE, Proceed. Acad. Philad. 1855, pag. 299, n. 1.

Corps en ovale allongé, un peu convexe ; couvert même sur la page inférieure d'une pubescence longue, cendrée, couchée; un peu brillant ; d'un brun ferrugineux ou d'un ferrugineux souvent obscur par places. ordinairement noir en dessous, sauf les pattes qui sont ferrugineuses, comme les antennes ; les cuisses sont parfois rembrunies.

Tête un peu moins longue que large, nettement transversale dans sa partie comprise entre les antennes et le pronotum, à peine moins large (y compris les yeux) que le bord antérieur du corselet, faiblement inclinée en avant, offrant une ponctuation assez forte, éparse. *Épistome* très transverse, rétréci à la base par l'insertion antennaire, situé sur le même plan que le front, dont il est séparé par une suture presque indistincte. *Labre* court, arrondi à ses angles antérieurs, émarginé en devant.

Antennes assez grêles, pubescentes, insérées en dessus à l'angle antérieur du front, dépassant un peu la longueur de la tête et du corselet réunis, composées de 11 articles : le 1er dilaté, subclaviforme ; le 2e égalant environ le 3e, beaucoup plus mince que le 1er, mais encore un peu plus épais que les suivants, allongé, subcylindrique comme eux ; 3e à 8e nettement plus longs que larges, quoique décroissant graduellement ; 9e à 11e formant la massue qui est lâche, allongée, avec les 2 premiers articles obconiques, plus longs que larges, subégaux, et le 11e en ovale, à peine plus long que le précédent.

Yeux arrondis, proéminents, occupant plus de la moitié du bord latéral de la tête à partir de l'insertion antennaire, séparés du corselet par des tempes assez courtes mais distinctes, et formant une sorte de tubercule qui est surmonté d'un petit bouquet de poils couchés vers l'œil.

Pronotum subcordiforme, à peine transverse, beaucoup moins large que les élytres (même dans sa plus grande largeur), coupé à peu près droit en devant et en arrière ; côtés non marginés, subarrondis antérieurement, ayant leur plus grande largeur avant le milieu, assez distinctement crénelés, surtout au tiers postérieur qui présente 2 ou 3 petites saillies dentiformes écartées ; la surface est couverte d'une ponctuation forte et serrée, avec une fossette arrondie, profonde, au devant de la base.

Ecusson très apparent, tout à fait transversal, traversé près de son sommet par un sillon assez marqué.

Elytres ovales allongées, convexes, subarrondies aux angles huméraux, avec le calus ordinairement marqué, un peu élargies en arrière du milieu, s'arrondissant ensemble à l'extrémité, fortement ponctuées-striées en 8 séries, qui sont distinctes seulement lorsqu'on les examine sous un certain jour ; paraissant au premier abord ponctuées en 16 rangées irrégulières très rapprochées, avec les points presque d'égale force et assez éloignés les uns des autres dans le sens de la longueur, et comme transversalement rugueuses (la ligne juxta-suturale forme ordinairement un sillon plus sensible) ; repli épipleural médiocre, peu à peu rétréci avec le contour de l'élytre, et réduit à une tranche vers le 4e segment abdominal.

Prosternum obtus au-devant des hanches antérieures, assez fortement ponctué sur toute sa surface, marqué sur les flancs, de chaque côté, d'une fossette sulciforme plus ou moins nette qui part de la hanche et s'avance un peu en arc vers l'angle antérieur du thorax.

Mésosternum à peu près de la longueur du prosternum, assez rugueusement ponctué sur toute sa surface, étroitement prolongé entre les hanches médianes jusque vers le milieu de celles-ci.

Métasternum subégal au 1er arceau de l'abdomen, à ponctuation assez forte mais écartée, orné dans son milieu postérieur d'un sillon longitudinal élargi en fossette ordinairement large et profonde, tronqué à peu près droit entre les hanches postérieures, avec une incision médiane.

Abdomen de 5 segments : le 1er un peu plus long que les deux suivants réunis, s'avançant entre les hanches postérieures en saillie subarrondie, couvert d'une ponctuation écartée comme celle du métasternum, mais ordinairement moins grosse ; les 2e à 5e courts, subégaux, parsemés de points très fins, difficiles à distinguer au milieu de la pubescence assez longue ; le 4e est orné chez la ♀ d'une fossette médiane semblable à celle du segment suivant, mais moins profonde ; le 5e offre dans les 2 sexes une impression médiane fovéiforme plus ou moins transverse ou arrondie, assez profonde, qui occupe toute la longueur de l'arceau chez la ♀, tandis qu'elle est plutôt basilaire chez le ♂ ; le bord apical présente souvent chez ce dernier sexe une légère incision angulaire suivie d'un 6e petit segment supplémentaire à peine distinct.

Hanches antérieures en cône arrondi, contiguës ; les médianes globuleuses sont séparées par une plaque mésosternale très étroite, qui n'égale pas la largeur du trochanter ; les postérieures transversales sont fortement écartées, environ 4 fois plus que les intermédiaires.

Cuisses assez robustes. *Tibias* presque linéaires ; les antérieurs droits dans la ♀, légèrement subsinués vers le sommet de la face interne chez le ♂, et terminés intérieurement par une épine apicale assez distincte. *Tarses* ayant leurs 2 premiers articles allongés, le 1er notablement plus que le 2e ; le 3e égale les deux précédents réunis. Chez le ♂, le 1er article des tarses antérieurs est un peu dilaté et garni de longs poils. *Ongles* simples.

Habitat. Cette espèce, très commune dans toute l'Europe, où on la recueille sous les pailles, les fagots, les fumiers, etc., a même été rencontrée dans des tabacs importés. Elle est cosmopolite. Mannerheim la signalait déjà comme trouvée au Caucase et en Sibérie. J'en ai vu des exemplaires d'Asie-Mineure et du nord de l'Afrique ; d'après un échantillon provenant de Massachussets (États-Unis d'Amérique), M. J. Le Conte l'a décrite de nouveau sous le nom de *grossa ;* enfin M. Reitter l'a reçue d'Australie.

Obs. L'extension de son aire géographique explique aisément la variabilité relativement peu considérable à laquelle est sujette la *C. pubescens*. Des individus à corselet plus court et à peine cordiforme ont été séparés par Mannerheim sous le nom de *C. piligera;* mais, s'il fallait tenir un compte rigoureux de pareilles différences, il y aurait lieu de créer un nombre presque infini d'espèces. Il est fort vraisemblable que les *C. intricata* et *diluta*, de Sibérie, décrites par Mannerheim (in Germ. Zeitschr. V, pag. 20, n. 3 et 4), doivent également s'ajouter à la liste synonymique.

Parmi ses congénères, la *C. pubescens* est remarquable par l'allongement des articles de ses antennes qui sont tous (y compris les 2 premiers de la massue) évidemment plus longs que larges. Cette particularité ne se retrouve à peu près au même degré que chez la *C. illaesa* et la *C. impressa;* mais cette dernière appartient manifestement à une autre division par sa pubescence courte et par les stries régulières presque sulciformes de ses étuis; pour la *C. illaesa*, elle est bien distincte par la gracilité de ses antennes à massue faiblement dilatée, par la largeur de son corselet également arrondi au milieu de ses côtés, par le 5e arceau ventral plan dans les deux sexes, etc.

Les deux autres espèces qui font partie du groupe actuel (*olympiaca* et *crenulata*) offrent tous ou presque tous leurs articles antennaires allongés, quoique moins sensiblement; et la ponctuation caractéristique des élytres n'est pas aussi irrégulière. D'ailleurs, le corselet de la *C. pubescens*, évidemment plus étroit que les élytres, même à son tiers antérieur où il est le plus large, la fait distinguer au premier coup d'œil. En outre, les caractères sexuels du ♂ et de la ♀ sont différents, comme je l'ai indiqué au tableau des espèces.

M. Waterhouse prétend (*loc. cit.*) que les tarses antérieurs ne semblent posséder aucune distinction sexuelle, ou du moins que cette distinction est presque insensible. Toutefois, il avoue que l'article basilaire lui a paru un peu plus large chez certains individus que chez d'autres. Un examen attentif l'aurait convaincu que le métatarse antérieur du ♂ est non seulement légèrement dilaté, mais couvert d'une touffe de poils assez longs.

Les anciens auteurs ont cru reconnaître dans l'espèce actuelle le *Dermestes fenestralis* ou *fenestratus* de Fabricius : il est fort douteux qu'il en soit ainsi, la description pouvant s'appliquer indifféremment à un certain nombre d'insectes; en tout cas, ce nom est préoccupé pour désigner une autre espèce décrite par Linné. On la trouvera plus loin.

Les partisans du principe de priorité absolue me feront peut-être un reproche de n'avoir pas adopté l'appellation de *C. punctulata* Marsham, qui est manifestement antérieure, puisque l'Entomologia Britannica a été publiée en 1802, tandis que les Essais entomologiques de Hummel datent seulement de 1822 à 1829. Sans vouloir discuter ici la question de savoir si la prescription ne peut être légitimement invoquée en faveur d'un nom universellement usité, consacré par plusieurs monographes, et ayant une véritable possession d'état, je me bornerai à faire remarquer que, si la tradition des entomologistes anglais revendique l'identité de la *C. punctulata* et de la *C. pubescens*, il est néanmoins permis d'exprimer des réserves au point de vue de la description elle-même. D'abord, il n'est pas absolument certain que la *C. punctulata* appartienne au genre actuel : car Marsham la place immédiatement après ses *C. dentata* et *bipunctata* qui, comme je l'ai dit plus haut, font partie de deux autres genres. A la suite de la *C. punctulata* vient, il est vrai, la *C. serrata ;* mais l'auteur dit de cette dernière en la comparant avec la précédente : « *Simillima in omnibus, praeterquam thorace denticulato.* » Puis, dans la diagnose de sa *C. punctulata*, Marsham emploie les expressions suivantes : « *Elytra vix striata, punctulis minutissimis omnino conspersa.* » Ces termes peuvent-ils convenir à une espèce dont la ponctuation est justement beaucoup plus forte que celle de la plupart de ses congénères ? — Et s'il ajoute : « *Antennae articulis* 3 *ultimis majoribus* », ce n'est nullement dans le but d'indiquer l'allongement particulier des articles de la massue antennaire qui caractérise la *C. pubescens*, puisqu'il se sert des mêmes mots à propos de la *C. serrata*, dont la massue est formée par des articles plus gros mais courts. Je maintiens donc de préférence l'appellation en usage, sur laquelle il ne saurait exister l'ombre d'un doute.

La larve et la nymphe de cette espèce ont été décrites par Perris (Ann. Soc. Ent. Fr. 1852, pag. 585-587 ; pl. 14, nº IV, fig. 21 à 23).

2. Corticaria olympiaca, Reitter.

Ovale-oblongue, d'un brun ferrugineux avec les élytres un peu plus claires ; antennes et pattes testacées ; couverte d'une longue pubescence mi-relevée. Tous les articles des antennes oblongs. Tête à ponctuation éparse et forte. Corselet ponctué de même, subtransverse, presque aussi large que les élytres dans son milieu où il est également arrondi, plus ou moins crénelé-denticulé sur les côtés, et orné d'une fossette arrondie ordinairement peu profonde, au devant de l'écusson. Élytres fortement ponctuées en 8 rangées, avec les intervalles subrugueux à ponctuation sériale à peu près d'égale force. Cinquième arceau ventral offrant dans les 2 sexes une fossette médiane assez profonde.

♂ *Tibias antérieurs* intérieurement sinués avant leur sommet et terminés par une petite épine. *Premier article* des tarses antérieurs dilaté. Un 6e petit *arceau ventral* supplémentaire.

♀ *Tibias antérieurs* droits. *Premier article* des tarses antérieurs simple. *Abdomen* de 5 arceaux seulement.

Long. : 0m002 (7/8 lign.) ; — larg. : 0m0008 (3/10 lign.).

Corticaria olympiaca, Reitter, Stett. Ent. Zeit. 1875, pag. 417. — H. Brisout de Barneville, Ann. Soc. Ent. Fr. 1881, pag. 386, n. 5.

Habitat. Découverte en Grèce par le Dr Krüper, cette espèce a, malgré son nom, une localisation moins restreinte : elle a été retrouvée en Corse par M. Damry.

Obs. J'ai vu jadis dans la collection de M. E. Revelière des exemplaires recueillis en nombre à Portovecchio, sous les pierres, près d'un marais, d'où l'inondation les avait sans doute chassés ; ne connaissant pas alors la *C. olympiaca*, je les avais rapportés à la *crenulata* avec laquelle ils ont la plus étroite affinité. Depuis, j'ai pu examiner un échantillon authentique que M. H. Brisout de Barneville a eu l'obligeance de me communiquer, et j'ai constaté qu'il ne diffère guère de la *C. crenulata* que par les poils longs et mi-relevés de ses étuis. La fossette abdominale serait aussi plus petite.

Il ne m'est pas possible, faute de matériaux, d'en donner une description étendue.

3. Corticaria crenulata, Gyllenhal.

Ovale-oblongue, d'un brun de poix, antennes et pattes d'un roux ferrugineux ; couverte d'une longue pubescence couchée. Articles des antennes oblongs, hormis les 6e à 8e qui sont subglobuleux. Tête à ponctuation assez forte, peu serrée. Corselet subtransverse, presque aussi large que les élytres dans son milieu où il est également arrondi ; obsolètement crénelé sur les côtés; couvert d'une ponctuation profonde plus ou moins dense, et orné d'une fossette arrondie, tantôt forte, tantôt médiocre, au devant de l'écusson. Elytres fortement ponctuées en 8 rangées presque régulières, avec les intervalles subruguleux à ponctuation sériale à peu près d'égale force. Métasternum subégal au 1er segment de l'abdomen, creusé dans sa moitié postérieure d'un sillon longitudinal élargi. Cinquième arceau ventral offrant dans les 2 sexes une assez grande fossette médiane.

♂ *Tibias antérieurs* un peu sinués et longuement ciliés intérieurement avant le sommet, terminés par une petite épine. *Premier article* des tarses antérieurs un peu dilaté et garni en dedans d'un bouquet de poils assez longs. Un 6e petit arceau ventral supplémentaire, à peine distinct.

♀ *Tibias antérieurs* droits, inermes au bout. *Premier article* des tarses antérieurs simple. *Abdomen* de 5 arceaux seulement.

Long. (1): 0m002 à 0m0025 (7/8 à 1 1/6 lign.); — larg.: 0m0006 à 0m00075 (2/7 à 1/3 lign.).

Lathridius crenulatus, GYLLENHAL, Ins. Suec. IV, pag. 125, n. 2.
Corticaria crenulata, MANNERHEIM, in Germ. Zeitschr. V, pag. 22, n. 6. — WATERHOUSE, Trans. ent. Soc. Lond. V, pag. 135, n. 2. — THOMSON, Skand. Coleopt. V, pag. 226, n. 2. — REITTER, Stett. ent. Zeit. 1875, pag. 418. — H. BRISOUT DE BARNEVILLE, Ann. Soc. ent. Fr. 1881, pag. 390, n. 11.
Corticaria tincta, MANNERHEIM, in Germ. Zeitschr. V, pag. 26, n. 12.

Corps en ovale allongé, un peu convexe; couvert d'une pubescence longue, cendrée, couchée; un peu brillant; d'un brun de poix ou d'un rouge brun (rarement testacé), avec les antennes et les pattes d'un roux ferrugineux.

Tête un peu moins longue que large, nettement transversale dans sa partie comprise entre les antennes et le pronotum, environ moitié moins large (y compris les yeux) que le corselet dans sa plus grande largeur, un peu inclinée en avant; rétrécie et marquée d'un sillon transverse en arrière des yeux; offrant une ponctuation assez forte, mais peu serrée. *Epistome* très transverse, rétréci à la base par l'insertion antennaire, situé sur le même plan que le front, dont il est séparé par une suture à peu près obsolète. *Labre* court, arrondi à ses angles antérieurs, faiblement émarginé en devant.

(1) Je n'ai vu aucun exemplaire de taille aussi petite que celle indiquée par M. H. Brisout de Barneville (1 millim. et 1/4); je soupçonne qu'il y a là une simple faute d'impression et qu'il faut lire 2 millim. 1/4.

Antennes pas très robustes, pubescentes, insérées en dessus à l'angle antérieur du front, égalant environ la longueur de la tête et du corselet réunis, composées de 11 articles : le 1er dilaté, subclaviforme ; le 2e subégal au 3e, beaucoup plus mince que le 1er, mais encore un peu plus épais que les suivants, allongé, obconique ; 3e à 5e subcylindriques, nettement plus longs que larges ; 6e à 8e subglobuleux ; 9e à 11e formant une massue assez dilatée, avec les 2 premiers articles à peine plus longs que larges (1), subégaux (le 9e obconique mais dilaté dès la base, le 10e presque carré) ; et le 11e en ovale, plus allongé que le précédent.

Yeux arrondis, proéminents, occupant plus de la moitié du bord latéral de la tête à partir de l'insertion antennaire, séparés du corselet par des tempes très courtes, peu distinctes sous la forme d'un tubercule surmonté d'un petit bouquet de poils dont le sommet se recourbe vers l'œil.

Pronotum subtransversal, guère plus large que long, presque également arrondi latéralement, de sorte que la plus grande largeur est au milieu, environ aussi large en cet endroit que les élytres, coupé à peu près droit en devant et en arrière ; côtés non marginés, obsolètement crénelés ; très légèrement plus rétréci vers la base, avec les angles postérieurs obtus aboutissant vis-à-vis de la 8e ou de la 9e rangée de points des élytres ; surface couverte d'une ponctuation assez profonde et plus ou moins serrée, avec une fossette arrondie plus ou moins profonde au devant de la base.

Écusson très apparent, tout à fait transversal, plus ou moins nettement sillonné en travers près de son sommet.

Élytres en ovale allongé, convexes, à peine arrondies aux angles huméraux, avec le calus ordinairement marqué, s'arrondissant ensemble à l'extrémité, fortement ponctuées en 16 séries à peu près régulières et presque d'égale force, transversalement subruguleuses, ne présentant que sous un certain jour les 8 stries normales, dont la juxta-suturale forme ordinairement une ligne plus nette ; repli épipleural médiocre, peu à peu rétréci avec le contour de l'élytre, et réduit à une tranche vers le 4e segment abdominal.

Prosternum très obtus au devant des hanches antérieures, parsemé de quelques points plus ou moins superficiels, assez nettement creusé de chaque côté d'une fossette sulciforme transverse, plus ou moins pubes-

(1) Les deux premiers articles de la massue paraissent un peu plus courts chez la ♀ que chez le ♂.

cente au fond, qui part de la hanche et s'avance un peu en arc vers l'angle antérieur du thorax.

Mésosternum environ de la longueur du prosternum, plus ou moins rugueusement ponctué, prolongé entre les hanches médianes jusqu'après le milieu de celles-ci, aussi large que le trochanter médian.

Métasternum égalant environ le 1er arceau ventral, à ponctuation assez forte mais écartée ; orné au milieu dans sa seconde moitié d'un sillon longitudinal élargi et très prononcé ; subémarginé en angle très obtus entre les hanches postérieures.

Abdomen de 5 segments : le 1er à ponctuation éparse, presque aussi forte que celle du métasternum ; égalant presque les 3 arceaux suivants réunis, s'avançant entre les hanches postérieures en saillie subtronquée; les 2e à 4e courts, presque égaux ; le 5e un peu plus allongé que le précédent, orné au milieu, dans les 2 sexes, d'une fossette transverse ou arrondie, assez profonde ; chez le ♂, on distingue un 6e petit arceau ventral supplémentaire, qui paraît plutôt faire partie de l'appareil génital interne.

Hanches antérieures saillantes, en cône subarrondi, contiguës ; les médianes globuleuses sont séparées par la plaque mésosternale très étroite; les postérieures transversales sont 3 fois plus écartées que les intermédiaires.

Cuisses robustes; celles du ♂ encore plus épaissies que celles de la ♀. *Tibias* presque linéaires, tous droits chez la ♀ ; les antérieurs du ♂ sont un peu sinués et longuement ciliés antérieurement vers le sommet, et terminés par une petite épine. *Tarses* ayant leurs 2 premiers articles allongés, le 1er notablement plus que le 2e ; le 3e égale les 2 précédents réunis ; chez le ♂, le métatarse antérieur est un peu dilaté et garni intérieurement d'un bouquet de poils assez longs. *Ongles* simples.

Habitat. Trouvée çà et là dans presque toutes les contrées du nord de l'Europe (Suède, Laponie, Russie boréale, Angleterre) et plus fréquemment dans l'Europe centrale, la *C. crenulata* semble être répandue jusqu'en Sibérie et au Caucase. Assez rare, paraît-il, aux environs de Paris, où on la rencontre auprès des fumiers ou parmi la paille des granges, elle devient plus commune à mesure qu'on avance vers le Midi. Elle a été capturée à Morlaix sous des algues. J'en ai vu des séries assez nombreuses recueillies, soit autour de Lyon, soit surtout dans des localités très diverses de nos départements méridionaux (Haute-Garonne, Tarn, Pyrénées-Orientales, Var, etc.).

Obs. Entre les trois espèces qui composent le premier groupe, celle-ci doit être distinguée de la précédente par sa pubescence couchée, au lieu d'être à moitié relevée sur les étuis. Elle ne saurait être confondue avec la *C. pubescens* à cause de son corselet non cordiforme, également arrondi vers le milieu de ses côtés et presque aussi large en cet endroit que les élytres ; la ponctuation de celles-ci est un peu moins irrégulière ; enfin, le ♂ a les tibias antérieurs visiblement sinués, et la ♀ n'offre point de fossette sur le 4e arceau ventral.

Rien ne s'oppose à ce que la *C. tincta* de Mannerheim soit regardée comme une simple variété de coloration de la *crenulata*. Mais je ne crois pas qu'il en soit de même de la *C. concinnula*, de Sibérie occidentale, espèce de grande taille et d'un roux ferrugineux uniforme dont l'auteur dit expressément (in Germ. Zeitschr. V, pag. 27, n. 13) : *Elytra..... punctis approximatis sat profundis striata, interstitiis latioribus planis, seriatim punctulatis.* »

2e GROUPE.

Une seule forme représente sur notre territoire ce groupe composé d'espèces rares, qui appartiennent au Midi de l'Europe et au Nord de l'Afrique, et qui sont remarquables par un faciès particulier voisin de celui des *Migneauxia*. Leur corps est court, ramassé, fortement convexe, ordinairement d'un roux ferrugineux brillant ; les côtés du corselet sont d'ordinaire armés de denticules visibles un peu écartés ; les étuis ne sont guère plus de 2 fois aussi longs que larges pris ensemble, et ils sont ornés d'une pubescence dressée, plus longue et plus éparse que dans le groupe suivant. Afin de rendre immédiatement saisissables les différences qui séparent ici les types spécifiques, j'emprunte à M. Reitter (*Bestimmungs-Tabellen* III, pag. 20) les éléments du tableau comparatif ci-dessous :

I. *Corselet* à peine moins large que les étuis.

* Une *fovéole* bien distincte à la base du corselet. *Articles* 6-8 des antennes un peu plus longs que larges. . . . SYLVICOLA Ch. Brisout.

** *Fovéole* du corselet nulle ou réduite à un simple vestige. *Articles* 6 et 7 des antennes aussi longs que larges ; le 8e subtransversal.

1. *Massue antennaire :* 1er article au moins aussi long que large, 2e carré. *Ponctuation* du corselet éparse, grossière, un peu plus forte que celle des étuis. *Taille* plus avantageuse (2 millim.); (*loc. cit.*, pag. 20, note). . . . . CONVEXA Reitter.
2. *Massue antennaire :* 1er article à peine, 2e un peu plus large que long. *Ponctuation* du corselet pas très dense, aussi forte que celle des étuis. *Taille* inférieure (1,8 mill.) (Stett. Ent Zeit. 1875, pag 418). . . . . DIECKI Reitter.
3. *Massue antennaire :* 1er article sensiblement, 2e fortement transverse. *Ponctuation* beaucoup plus fine que chez les précédents; celle du corselet dense, égalant celle des étuis. *Taille* encore plus petite (1,6 millim.) (*Bestimmungs-Tabellen* III, pag. 21, note).. . . . . KAUFMANNI Reitter.

II. *Corselet* très nettement plus étroit que les étuis.

(Ann. Soc. Ent. France, 1866, pag. 370). . . . . PINICOLA Ch Brisout.
— *Rufescens* Reitter, Stett. Ent. Zeit., 1875, pag. 420.

Avec une obligeance dont je ne saurais lui être trop reconnaissant, M. H. Brisout de Barneville a bien voulu m'envoyer en communication, non seulement un exemplaire de la *C. pinicola*, capturée à l'Escorial (Espagne), au pied des pins, mais le type unique de la *C. sylvicola*. J'ai donc pu le comparer aussi avec un couple de la *C. Diecki* bien authentique, provenant de M. Reitter qui l'a reçue du Maroc, et avec d'autres échantillons récoltés en diverses localités de l'Algérie et que j'attribue à la *C. convexa*. Quant à la *C. Kaufmanni*, bien que je ne la connaisse pas en nature, elle me paraît très distincte de ses voisines par les caractères signalés au tableau. Il serait intéressant de savoir exactement quelle est, chez cette dernière espèce, la longueur relative du métasternum ; car j'ai remarqué que ce segment, chez les *C. sylvicola*, *Diecki* et *convexa*, est d'une brièveté insolite : il égale environ la moitié du 1er arceau ventral, tandis que chez la *C. pinicola*, sans atteindre tout-à-fait les dimensions normales, il est un peu moins court. Les données fournies par l'analogie permettent de supposer que la *C. Kaupfmanni* ne s'éloigne pas de ses congénères sur ce point, et qu'on peut, par conséquent, ajouter ce détail morphologique aux caractères généraux du groupe actuel.

Il me paraît probable que la *C. convexa*, malgré sa taille plus avantageuse et sa forme à peine moins parallèle et un peu plus convexe, doit être considérée, suivant l'opinion de M. H. Brisout de Barneville, comme une simple variété de la *C. Diecki*. Les différences que l'auteur de cette coupe spécifique a cru rencontrer dans les dimensions des articles de la massue antennaire sont vraiment trop légères et ne proviennent peut-être que de la façon dont l'antenne est éclairée sous le verre grossissant de la loupe ou du microscope. Il suffit d'examiner trois ou quatre exemplaires de cet insecte pour constater que le caractère tiré de la ponctuation prothoracique n'a point la valeur qu'on lui attribue.

4. **Corticaria sylvicola**, CH. BRISOUT DE BARNEVILLE.

Ovale, d'un roux testacé, couverte d'une longue pubescence redressée. Tous les articles du funicule antennaire plus longs que larges. Tête à ponctuation assez forte, peu serrée. Corselet ponctué de même, fortement arrondi sur les côtés vers le milieu où il est un peu moins large que les élytres ; bord latéral finement crénelé, quadri-denticulé en arrière ; une petite fossette arrondie, peu profonde, au devant de l'écusson. Elytres courtes, convexes, offrant 8 séries de points assez forts, avec les intervalles assez larges, plans, ornés d'une ponctuation sériale un peu moins forte et plus écartée que celle des stries. Métasternum égalant à peine la moitié du premier arceau ventral, creusé dans sa moitié postérieure d'une assez large dépression fovéiforme.

♂ *Tibias antérieurs* droits, pourvus d'une petite épine apicale. *Cinquième arceau ventral* creusé d'une petite fossette médiane. Un 6e petit segment supplémentaire, presque recouvert par le précédent.

♀ Inconnue.

Long.: 0m002 (7/8 lign.); — larg.: 0m0009 (2/5 lign.).

Corticaria sylvicola, CH. BRISOUT DE BARNEVILLE, Catal. Grenier. 1863, pag. 72, n. 91.— REITTER, Stett. ent. Zeit., 1875, pag. 419.— H. BRISOUT DE BARNEVILLE, Ann. Soc. ent. Fr., 1881, pag. 388, n. 8.
Corticaria pinguis, AUBÉ, Ann. Soc. ent. Fr., 166, pag. 1862, n. 3.

Corps en ovale plus ramassé que les précédents, convexe, un peu brillant; couvert d'une longue pubescence jaunâtre, mi-redressée; d'un ferrugineux testacé avec la tête un peu rembrunie.

Tête à peine moins longue que large, nettement transversale dans la partie comprise entre les antennes et le bord antérieur du corselet, un peu inclinée en avant, moitié plus étroite (y compris les yeux) que le pronotum dans sa plus grande largeur ; offrant une ponctuation assez forte, médiocrement serrée ; rétrécie en arrière des yeux et marquée en cet endroit d'un sillon transversal. *Epistome* transverse, presque lisse, très rétréci à la base par l'insertion antennaire, situé sur le même plan que le front, dont il est séparé par une suture presque droite, assez distincte. *Labre* court, dilaté-arrondi à ses angles antérieurs, faiblement émarginé en devant.

Antennes peu robustes, pubescentes, insérées en dessus à l'angle antérieur du front, égalant presque la longueur de la tête et du corselet réunis, composées de 11 articles : le 1er fortement dilaté subglobuleux, un peu plus long que le 2e ; celui-ci ovale, moins épais que le précédent, mais sensiblement plus gros que ceux du funicule : le 3e plus court que le 2e, subcylindrique, allongé, ainsi que les suivants ; ceux-ci décroissant peu à peu de longueur jusqu'au 8e qui est au moins aussi long que large ; les 9e à 11e formant une massue lâche, allongée, assez fortement dilatée dès la base, dont le 1er article est un peu plus long que large, le suivant un peu plus court, et le dernier en ovale allongé.

Yeux roux, arrondis, proéminents, occupant presque tout le bord latéral de la tête à partir de l'insertion antennaire ; paraissant dépourvus de tempes distinctes, ou n'ayant tout au plus qu'un petit tubercule à peine sensible ; ciliés au moins sur les côtés.

Pronotum transversal, environ de moitié plus large que long ; coupé droit en-devant, avec les angles antérieurs subarrondis ; un peu moins large dans son milieu que les élytres ; côtés non marginés, ciliés, finement crénelés et quadridenticulés postérieurement, fortement et à peu près également arrondis au milieu, de sorte qu'ils sont à peine plus rétrécis vers la base qui est subarquée, avec les angles postérieurs obtus, leur denticule faisant face à la 5e strie des élytres ; la surface est couverte d'une ponctuation assez forte et profonde, médiocrement serrée, au milieu d'un guillochis extrêmement fin et distinct seulement à un fort grossissement ; le milieu antébasilaire est orné d'une fossette arrondie subobsolète.

Ecusson distinct, transversal, en arc de cercle, n'offrant point de sillon antéapical.

Elytres brièvement ovales, convexes, à peine 2 fois 1/2 aussi longues que le corselet, un peu plus larges que lui, arrondies aux angles huméraux, sans calus distinct ; s'arrondissant ensemble à l'extrémité ; assez fortement striées-ponctuées en 8 séries de points peu rapprochés, dont les intervalles sont assez larges, plans, et marqués d'une ponctuation sériale un peu moins forte mais plus écartée que celle des stries; repli épipleural médiocre, rétréci assez rapidement avec le contour de l'élytre, et réduit à une tranche vers le 4e arceau ventral.

Prosternum très obtus au-devant des hanches antérieures, parsemé de points assez gros, et creusé de chaque côté d'une fossette antécoxale en ovale transverse à peine pubescente.

Mésosternum un peu plus court que le prosternum, ponctué comme lui, étroitement prolongé entre les hanches intermédiaires jusque vers le sommet de celles-ci, égalant à peine en cet endroit le trochanter médian.

Métasternum court, égalant environ la moitié du 1er arceau ventral, parsemé de points plus ou moins superficiels; creusé dans sa moitié postérieure d'une dépression fovéiforme assez large; échancré au bord en angle obtus.

Abdomen de 5 segments : le 1er à ponctuation éparse et superficielle, n'égalant pas tout à fait les 3 suivants réunis, s'avançant entre les hanches postérieures en une saillie subarquée au bout; les 2e à 4e courts, subégaux ; le 5e un peu plus long que le précédent, marqué dans son milieu d'une petite fossette arrondie, et suivi d'un 6e petit arceau supplémentaire, presque recouvert par le précédent (♂).

Hanches antérieures saillantes, en cône subarrondi, contiguës; les médianes globuleuses sont séparées par la plaque mésosternale très étroite ; les postérieures transversales sont au moins trois fois plus écartées que les intermédiaires.

Cuisses assez robustes. *Tibias* presque linéaires ; les antérieurs droits, pourvus d'une épine apicale (♂). *Tarses* ayant leurs 2 premiers articles inégaux, le 1er notablement moins court que le 2e ; le 3e égale au moins les 2 précédents réunis. *Ongles* simples.

Habitat. Pyrénées-Orientales : au Vernet, sous les mousses, et Prades, en battant de vieux fagots.

Obs. Malgré quelques légères différences de détail, différences très explicables pour quiconque connaît la variabilité des insectes du genre actuel, la description donnée par le Dr Aubé de sa *C. pinguis* convient assez bien dans ses traits essentiels à la *C. sylvicola* pour qu'on puisse admettre leur identité, sans crainte sérieuse de se tromper. Il serait néanmoins à désirer, afin d'avoir une certitude absolue, qu'il fût possible à l'un de nos savants collègues de consulter la collection où se trouve le type de la *G. pinguis ;* mais il paraît que ce trésor, si précieux pour la science, est aussi soigneusement conservé à l abri de tous les regards que de la poussière et des insectes destructeurs !

Entre toutes ses congénères françaises, la *C. sylvicola* se reconnaîtra de suite aux caractères du groupe dont elle fait partie. Sa ressemblance avec le genre *Migneauxia* est frappante, mais ses antennes sont bien composées de 11 articles. La brièveté proportionnelle du métasternum la distingue essentiellement des espèces qui vont suivre. Ce même caractère, joint à la pubescence longue, à moitié redressée sur les étuis, et à l'absence de fossettes sur le 5e arceau ventral, suffit amplement à la séparer des précédentes.

3e GROUPE.

Une pubescence longue, d'ordinaire alternativement inégale et plus ou moins relevée sur les élytres, celles-ci toujours de forme évidemment allongée, légèrement moins convexes, et marquées de rangées striales visibles sans être sulciformes, le métasternum égal ou à peu près au 1er segment de l'abdomen, le 5e arceau ventral plan dans les 2 sexes ou pourvu seulement d'une dépression transverse plus ou moins sensible, tels sont les principaux caractères communs aux diverses espèces qui constituent le groupe actuel et le différencient des précédents et des suivants. Trois seulement font partie de notre faune.

5. Corticaria illaesa Mannerheim.

Allongée, parallèle, convexe, roux ferrugineux (souvent rembruni par places); couverte d'une longue pubescence mi-relevée. Tous les articles des antennes plus longs que larges ; ceux de la massue faiblement dilatés. Tête à ponctuation médiocre, peu serrée. Corselet transversal, non cordiforme, également arrondi au milieu des côtés, presque aussi large que les élytres; bord latéral plus ou moins crénelé-denticulé ; surface ponctuée assez fortement, peu serré ; fossette médiane anté-basilaire nulle ou peu marquée. Élytres presque 3 fois aussi longues que le corselet, offrant 8 séries régulières de points pas très forts, avec les intervalles assez larges et marqués d'une rangée de points écartés à peine moins forts que ceux des stries. Métasternum subégal au 1er segment de l'abdo-

men, orné dans sa moitié postérieure d'un sillon longitudinal assez étroit, plus ou moins prononcé. Cinquième arceau ventral plan dans les 2 sexes.

♂ *Tibias antérieurs* à peine subsinués intérieurement avant le sommet, terminés par une petite épine. *Premier article* des tarses antérieurs un peu dilaté et pourvu de quelques longs poils. Un petit arceau ventral supplémentaire, à peine distinct au milieu de la pubescence.

♀ *Tibias antérieurs* droits. *Premier article* des tarses antérieurs simple. *Abdomen* de 5 arceaux seulement.

Long.: 0m002 à 0m0024 (7/8 lign. à 1 1/8 lign.); — larg.: 0m0009 à 0m0011 (2/5 à 1/2 lign.).

Corticaria illaesa, MANNERHEIM, in Germ. Zeitschr. V, pag. 33, n. 20. — REITTER, Bestimmungs-Tabellen III, pag. 21. — H. BRISOUT DE BARNEVILLE, Ann. Soc. ent. Fr., 1881, pag. 38?, n. 4.
Corticaria 4 maculata, MANNERHEIM, loc. cit., pag. 33, n. 21.
Corticaria pilosa, MOTSCHULSKY, Bull. Mosc., 1867, I, pag. 48.
Corticaria villosa, MOTSCHULSKY, loc. cit., pag. 48.
Corticaria setosa, MOTSCHULSKY, loc. cit., pag 49; pl. I, fig. 17.
Corticaria subparallela, FAIRMAIRE, Ann. del Mus. Civ. di Genova, VII (1875), pag. 505.

Corps allongé, parallèle, brillant; couvert d'une longue pubescence cendrée, très fine, mi-redressée; d'un roux ferrugineux, souvent avec la suture et le bord latéral des élytres rembrunis, ou entièrement brunâtre, sauf les antennes, les pattes, les épaules et le sommet des étuis, qui sont d'un roux plus clair.

Tête un peu moins longue que large, nettement transversale dans la partie comprise entre les antennes et le bord antérieur du corselet, un peu inclinée en avant, un peu moins large (y compris les yeux) que le prothorax dans sa plus grande largeur; offrant une ponctuation médiocre, pas très serrée, et un sillon postoculaire transversal. *Epistome* transverse, très rétréci à la base par l'insertion antennaire, situé sur le même plan que le front, dont il est séparé par une suture à peine distincte. *Labre* court, dilaté-arrondi à ses angles antérieurs, émarginé en devant.

Antennes assez grêles, pubescentes, insérées en dessus à l'angle antérieur du front, à peine plus courtes que la tête et le corselet réunis, composées de 11 articles: le 1er fortement dilaté, subglobuleux; le 2e obconique allongé, légèrement plus épais et à peine aussi long que le

3e, celui-ci et les autres du funicule subcylindriques, décroissant peu à peu de longueur, mais tous (même le 8e) nettement plus longs que larges ; les 9e à 11e formant une massue lâche, allongée, peu dilatée, dont les 2 premiers articles sont subégaux, en ovale allongé, comme le 11e qui est un peu plus long que le précédent.

Yeux arrondis, proéminents, occupant plus de la moitié du bord latéral de la tête à partir de l'insertion antennaire, séparés du corselet par des tempes distinctes, en forme de saillie tuberculeuse surmontée d'un bouquet de poils hérissés.

Pronotum distinctement transverse, coupé droit en devant avec les angles antérieurs arrondis, indistincts ; à peu près aussi large que les élytres ; côtés non marginés, fortement ciliés, plus ou moins crénelés et denticulés, également arrondis vers le milieu, un peu plus rétrécis vers la base qui est subarquée avec les angles postérieurs obtus, mais offrant d'ordinaire un denticule assez saillant qui fait face au calus huméral des élytres ; la surface est couverte d'une ponctuation assez forte et serrée, sans fossette médiane antébasilaire, ou bien avec une fossette à peine marquée.

Ecusson très apparent, transversal, plus ou moins distinctement sillonné en travers près du sommet.

Elytres en ovale allongé, convexes, presque 3 fois aussi longues que le corselet, aussi larges que lui, légèrement arrondies aux angles huméraux avec le calus à peine marqué, s'arrondissant ensemble à l'extrémité ; offrant 8 stries ponctuées pas très fortement, dont les intervalles sont assez larges et marqués d'une rangée plus ou moins régulière de points à peine moins forts, mais plus écartés que ceux des stries ; repli épipleural médiocre, peu à peu rétréci avec le contour de l'élytre, et réduit à une tranche vers le 5e arceau ventral.

Prosternum très obtus au-devant des hanches antérieures, couvert d'une ponctuation écartée assez forte au milieu d'un guillochis distinct à un fort grossissement ; à peine creusé de chaque côté d'une fossette antécoxale dont le fond est presque glabre.

Mésosternum un peu plus court que le prosternum, fortement ponctué de même, prolongé entre les hanches intermédiaires presque jusqu'à leur extrémité, à peine aussi large en cet endroit que le trochanter médian.

Métasternum un peu moins long que le 1er arceau de l'abdomen, éparsement mais assez fortement ponctué ; orné dans sa moitié postérieure d'un sillon longitudinal assez étroit, plus ou moins prononcé ; à peine émarginé en angle très obtus entre les hanches postérieures.

Abdomen de 5 segments : le 1er égalant presque les 3 suivants réunis, s'avançant en saillie anguleuse à pointe arrondie entre les hanches postérieures, parsemé de points plus écartés et moins forts que ceux du métasternum, très finement guilloché ; les 2e à 4e arceaux à ponctuation oblitérée, courts, subégaux ; le 5e est plus allongé que le précédent, plan dans les 2 sexes ; il est suivi chez le ♂ d'un 6e petit segment supplémentaire parfois peu distinct au milieu de la pubescence.

Hanches antérieures en cône arrondi, contiguës, saillantes en dehors de leurs cavités cotyloïdes ; les médianes globuleuses sont séparées par une lame mésosternale assez étroite ; les postérieures transversales sont environ 3 fois plus écartées que les intermédiaires.

Cuisses robustes. *Tibias* presque linéaires ; les antérieurs droits dans la ♀, à peine subsinués intérieurement avant le sommet et armés d'une petite épine apicale chez le ♂. *Tarses* ayant leurs 2 premiers articles inégaux, le 1er un peu plus allongé que le 2e ; le 3e égale les 2 précédents réunis ; le ♂ a le métatarse antérieur légèrement dilaté et pourvu de quelques longs poils. *Ongles* simples.

Habitat. Les quatre exemplaires, d'après lesquels j'ai fait la description précédente, me viennent du Maroc, et ce sont les seuls que j'aie vus dans les diverses collections qui ont passé sous mes yeux. Cependant l'espèce paraît habiter tout l'Ancien-Monde, puisque les auteurs la signalent du Nord de l'Afrique (Algérie, Tunisie, Egypte), de l'Asie-Mineure jusqu'en Mésopotamie et au Caucase, et de l'Europe orientale. On la trouve aussi en Grèce et dans le midi de la France ; mais je n'ai pas sur ce dernier point de renseignements plus précis.

Obs. On a comparé cette espèce avec la *C. pubescens*, dont elle n'a pourtant point le faciès ; elle en diffère notablement par sa pubescence bien plus longue, à moitié redressée, par ses antennes plus fines, par la forme et la largeur relative du corselet, etc. Le 5e arceau de l'abdomen est d'ailleurs plan dans les 2 sexes, et par conséquent elle ne saurait appartenir au premier groupe.

Sa forme allongée, moins convexe, et la dimension normale du métasternum, etc., empêchent de la confondre avec la *C. sylvicola*.

Elle est extrêmement voisine, au contraire, de la *C. monticola*, et, sans parler de la coloration qui est très variable, elle ne s'en distingue guère que par sa taille plus avantageuse, par sa forme un peu moins déprimée, par son corselet un peu plus ample, et par la ponctuation des intervalles à peine plus faible que celle des stries. La *C. fulva*, qui fait partie du même groupe, offre un aspect assez différent, à cause de son corselet cordiforme, plus ou moins élargi avant le milieu et orné au devant de l'écusson d'une fossette bien marquée ; les caractères sexuels secondaires sont d'ailleurs tout autres.

La *C. subparallela* de Fairmaire et la *C. setosa* de Motschulsky sont certainement identiques à la *C. illaesa*. Il n'est pas douteux non plus que la *C. 4-maculata* de Mannerheim doive s'y rapporter comme une simple variété de coloration par excès, où le brun-noir s'est étendu sur les étuis de manière à ne laisser qu'une tache humérale et une tache apicale rousses. Les *C. pilosa* et *villosa* de Motschulsky me paraissent, au contraire, avoir été décrites sur des exemplaires très clairs ; les différences signalées par l'auteur n'ont point, à mon avis, l'importance qu'il veut y attacher, et, si l'on fait la part d'une légère exagération dans les expressions, il y a tout lieu de penser que l'addition de ces prétendues espèces à la liste synonymique est suffisamment justifiée.

6. **Corticaria monticola**, H. Brisout de Barneville.

Allongée, parallèle, subdéprimée ; roux ferrugineux avec les antennes et les pattes plus pâles, ainsi que les élytres dont la suture est rembrunie ; couverte d'une assez longue pubescence mi-relevée. Articles 8-10 des antennes à peine aussi longs que larges ; massue faiblement dilatée. Tête à ponctuation assez forte et serrée. Corselet ponctué de même, transversal, non cordiforme, également arrondi au milieu des côtés, presque aussi large que les élytres ; bord latéral obsolètement denticulé ; point de fossette au devant de l'écusson. Élytres n'étant pas 3 fois aussi longues que le corselet, offrant 8 séries régulières de points ocellés assez forts, avec les intervalles étroits et marqués d'une rangée de points écartés beaucoup plus faibles que ceux des stries. Métasternum subégal au 1er segment de l'abdomen, creusé dans sa moitié postérieure d'une dépression sulciforme, assez large. Cinquième arceau ventral plan dans la ♀ ; (♂ inconnu).

Long.: 0m0017 (3/4 lign.) ; — larg.: 0m0007 (1/3 lign.).

Corticaria monticola, H. Brisout de Barneville, Ann. Soc. ent. Fr., 1881 pag. 388, n° 9.

Corps allongé, presque parallèle, subdéprimé, brillant, couvert d'une assez longue pubescence cendrée, très fine, mi-redressée; roux ferrugineux, avec les antennes et les pattes plus pâles, ainsi que les élytres dont la région suturale est rembrunie environ jusqu'à la première strie.

Tête un peu moins longue que large, nettement transversale dans la partie comprise entre les antennes et le bord antérieur du corselet, un peu inclinée en avant, un peu moins large (y compris les yeux) que le pronotum antérieurement ; offrant une ponctuation assez forte et serrée, avec un sillon postoculaire transversal. *Epistome* transverse, très rétréci à la base par l'insertion antennaire, situé sur le même plan que le front, dont il est séparé par une suture presque droite, assez distincte. *Labre* court, dilaté-arrondi à ses angles antérieurs, subémarginé en devant.

Antennes fines et minces, pubescentes, insérées en dessus à l'angle antérieur du front, un peu plus courtes que la tête et le corselet réunis, composées de 11 articles : le 1er fortement dilaté, plus long que large, subglobuleux ; le 2e obconique, allongé, un peu plus épais que ceux du funicule ; le 3e, qui est presque égal au 2e, et les suivants subcylindriques, décroissant peu à peu de longueur jusqu'au 8e qui est subarrondi et presque aussi long que large ; les 9e à 11e formant une massue lâche, allongée, peu dilatée, dont les 2 premiers articles sont subégaux, obconiques, à peu près aussi longs que larges, et le dernier est ovalaire, plus long que le précédent.

Yeux arrondis, très proéminents, occupant plus de la moitié du bord latéral de la tête à partir de l'insertion antennaire, séparés du corselet par de petites tempes en forme de saillie tuberculeuse surmontée d'un bouquet de poils hérissés.

Pronotum légèrement transversal, coupé droit à la base et en devant avec les angles antérieurs à peine distincts, un peu moins large que les élytres; côtés non marginés, fortement ciliés, obsolètement crénelés (les denticules à peine visibles au milieu de la pubescence), également arrondis vers le milieu, avec les angles postérieurs obtus, à peine en saillie vis-à-vis de la 5e strie des élytres; la surface est couverte d'un guillochis extrêmement fin et d'une ponctuation assez forte et serrée, sans fossette médiane antébasilaire, ou plutôt n'en offrant qu'un vestige superficiel.

Ecusson très apparent, transversal, assez distinctement sillonné en travers près du sommet.

Elytres en ovale allongé, subdéprimées, pas 3 fois aussi longues que le prothorax, un peu plus larges que lui, légèrement arrondies aux angles huméraux avec le calus à peine marqué, s'arrondissant ensemble à l'extrémité ; assez fortement striées-ponctuées en 8 séries (dont la juxta-suturale est nettement sulciforme), avec les points ocellés et serrés ; les intervalles sont étroits, obsolètement ruguleux et sérialement pointillés, avec les points un peu plus faibles et plus écartés que ceux des stries ; repli épipleural très étroit, peu à peu rétréci avec le contour de l'élytre, et réduit à une tranche vers le 5e arceau ventral.

Prosternum en angle obtus au-devant des hanches antérieures, parsemé de points peu enfoncés et pas très gros, creusé de chaque côté d'une fossette antécoxale sulciforme transverse, à peine pubescente.

Mésosternum un peu plus court que le prosternum, ponctué comme lui, étroitement prolongé entre les hanches intermédiaires jusque vers leur extrémité, et n'égalant pas en cet endroit le trochanter médian.

Métasternum à peu près égal au 1er arceau de l'abdomen, couvert d'une ponctuation assez écartée mais bien distincte, creusé dans sa moitié postérieure d'une dépression sulciforme assez large, à peine émarginé en angle obtus entre les hanches postérieures.

Abdomen de 5 segments : le 1er à ponctuation presque oblitérée et éparse, n'égalant pas tout à fait les 3 suivants réunis, s'avançant entre les hanches postérieures en une lame subtronquée au bout ; les 2e à 4e courts, subégaux ; le 5e, un peu plus long que le précédent, est entièrement dépourvu de fossette ou de dépression (♀).

Hanches antérieures contiguës, en cône subarrondi, saillantes en dehors de leurs cavités cotyloïdes ; les médianes globuleuses sont faiblement séparées par une étroite lame mésosternale ; les postérieures transversales sont environ trois fois plus écartées que les intermédiaires.

Cuisses robustes. *Tibias* presque linéaires, droits. *Tarses* ayant leurs deux premiers articles inégaux, le 2e un peu plus court que le 1er ; le 3e égale au moins les 2 précédents réunis. *Ongles* simples.

Habitat. Un seul exemplaire ♀ a été capturé à Mont-Louis (Pyrénées-Orientales), sous des écorces de pins.

Obs. La *C. monticola*, dont j'ai pu examiner le type, gracieusement communiqué par M. H. Brisout de Barneville, ressemble beaucoup à l'*illaesa*, avec laquelle on pourrait être tenté de la réunir comme une jolie variété de coloration. Toutefois, autant qu'il est possible d'en juger d'après l'inspection d'un seul individu, il convient d'admettre sa distinction spécifique. En effet, outre quelques autres légères différences de détail qu'on pourra relever en comparant les deux descriptions, la taille est plus petite et la forme un peu déprimée, le corselet est moins ample, et surtout la sculpture des étuis est tout autre, puisque les points des stries sont ici assez forts, rapprochés et ocellés, avec les intervalles étroits et à ponctuation sériale plus faible et écartée.

A côté de l'espèce actuelle doit se ranger la *C. pilosula* Rosenhauer (Thiere Andal., 1856, pag. 349), d'Espagne méridionale et du nord de l'Afrique, qu'on a voulu ranger parmi les nombreux synonymes de la *C. fulva*. D'après 2 échantillons recueillis au Maroc et déterminés par M. Reitter, je crois qu'elle est spécifiquement distincte, malgré une ressemblance incontestable. Son corselet est très nettement transversal, arrondi également sur le milieu de ses côtés, plus ample, non inférieur à la largeur des élytres ; la fossette anté-scutellaire est moins forte ; les étuis paraissent plus convexes, et un peu diversement sculptés, etc.

7. **Corticaria fulva**, Comolli.

Allongée, un peu convexe, ferrugineuse ou d'un roux testacé ; couverte d'une pubescence assez longue, alternativement inégale, et plus ou moins couchée sur les élytres. Articles 7e et 8e des antennes à peine aussi longs ou un peu moins longs que larges ; massue fortement dilatée. Tête à ponctuation éparse, et ordinairement peu marquée. Corselet cordiforme, presque toujours plus long que large, parfois transverse, arrondi sur les côtés avant le milieu, un peu moins large en cet endroit que les élytres ; bord latéral crénelé et plus ou moins denticulé ; surface assez densément, plus ou moins finement ponctuée ; une fossette arrondie ou transverse, ordinairement assez profonde au devant de l'écusson. Élytres ovales, subconvexes, offrant 8 séries régulières de points, avec les intervalles marqués d'une rangée de points tantôt presque aussi forte que celle des stries, tantôt plus faible, ou même à peine visible. Métasternum subégal au 1er segment de l'abdomen et orné, dans sa moitié postérieure, d'une ligne ou dépression longitudinale souvent oblitérée.

♂ *Tibias antérieurs* plus ou moins sinués intérieurement vers le sommet. *Premier article* des tarses antérieurs un peu dilaté. *Cinquième arceau ventral* offrant une dépression transverse assez profonde. Un 6e petit segment supplémentaire, peu distinct, au milieu de la pubescence.

♀ *Tibias antérieurs* droits. *Premier article* des tarses antérieurs simple. Point de 6e arceau ventral. La *dépression* transversale du 5e segment peu sensible, parfois même complètement oblitérée.

Long.: 0m0016 à 0m002 (3/4 à 9/10 lign.); — larg : 0m0007 à 0m0009 (1/3 à 2/5 lign.).

Lathridius fulvus COMOLLI, Col. Novoc., pag. 39.

Corticaria fulva, MANNERHEIM, in Germ. Zeitschr., V, pag. 42, n. 32. — WOLLASTON, Insect. Mader., pag. 185, n. 148. — WATERHOUSE, Trans. ent. Soc. Lond., V, pag. 137, n. 4. — REITTER, Stett. Ent. Zeit., 1875. pag. 421. — H. BRISOUT DE BARNEVILLE, Ann. Soc. ent. Fr., 1881, pag. 390, n. 12.

Corticaria hirtella, THOMSON, Skand. Coleopt., V, pag. 232, n. 11.

Corticaria attenuata, MOTSCHULSKY, Bull. Mosc., 1867, I, pag. 67.

Corticaria Pharaonis, MOTSCHULSKY, loc. cit., pag. 74. — THÉVENET, Ann. Soc. ent. Fr., 1874, pag. 427-431 ; pl. X, fig. 1 à 11.

Corticaria transversicollis, MOTSCHULSKY, loc. cit., pag. 76.

Corticaria unicarinulata, MOTSCHULSKY, loc. cit., pag. 76.

Corticaria flavescens, THOMSON, Opusc. ent. (1871), IV, 363.

Corticaria cardiadera, FAIRMAIRE, Ann. del Mus. Civ. di Genova, VII (1875), pag. 505.

Corticaria concolor, H. BRISOUT DE BARNEVILLE, Ann. Soc. ent. Fr., 1880, pag. 236.

Corps allongé, un peu convexe, brillant, couvert d'une pubescence fauve assez longue et presque couchée ou un peu relevée ; entièrement ferrugineux ou d'un roux testacé, sauf les yeux qui sont noirs.

Tête presque aussi longue que large, nettement transversale dans sa partie comprise entre les antennes et le bord antérieur du corselet, inclinée en avant, notablement plus étroite (y compris les yeux) que le pronotum dans son premier tiers ; offrant une ponctuation ordinairement peu marquée ; à peine rétrécie en arrière, avec le sillon transverse post-oculaire indistinct. *Epistome* très rétréci à la base par l'insertion antennaire, situé sur le même plan que le front, dont il est séparé par une suture presque droite, ordinairement bien marquée. *Labre* court, légèrement dilaté-arrondi aux angles antérieurs, subémarginé en devant.

Antennes peu robustes, pubescentes, insérées en dessus à l'angle antérieur du front, aussi longues que la tête et le corselet réunis, composées de 11 articles : le 1er fortement dilaté, subglobuleux, allongé ; le 2e un peu plus court que chacun de ceux entre lesquels il se trouve, subovalaire, beaucoup plus mince que le 1er, mais un peu plus épais que ceux du funicule ; ceux-ci subcylindriques ou subobconiques, décroissant peu à peu de longueur, de sorte que le 7e est presque en carré arrondi, et le 8e est à peine plus court, globuleux ; massue lâche, allongée, formée par les articles 9-11, dont les 2 premiers sont fortement dilatés-arrondis dès la base, subégaux, et le dernier est ovalaire, nettement plus long que le pénultième.

Yeux arrondis, peu proéminents, occupant plus de la moitié du bord latéral de la tête à partir de l'insertion antennaire, séparés du corselet par des tempes très distinctes en forme de bourrelet.

Pronotum cordiforme, ordinairement un peu ou même assez sensiblement plus long que large, parfois transversal, arrondi sur les côtés avant le milieu, avec les angles antérieurs subarrondis indistincts et les postérieurs obtus, aboutissant vis-à-vis de la 5e strie des élytres ; côtés non marginés, plus ou moins distinctement crénelés (6 à 7 dentelures environ couvertes par les poils, et seulement bien visibles en dessous) ; la surface est couverte d'un guillochis très fin, distinct à un fort grossissement, et d'une ponctuation assez dense et plus ou moins fine, et marquée au devant du milieu basilaire d'une fossette arrondie ou transverse, ordinairement assez profonde ; quelques individus offrent en outre une dépression fovéiforme sur le disque de chaque côté.

Écusson très apparent, transversal, à peine distinctement sillonné en travers près du sommet.

Élytres ovales, subconvexes, un peu plus larges que le corselet, subarrondies aux angles huméraux, n'offrant point de calus saillant, si ce n'est, par exception, chez des exemplaires ♂, s'arrondissant à peu près ensemble à l'extrémité, assez légèrement striées-ponctuées en 8 séries (la strie juxta-suturale ordinairement plus distincte) ; les intervalles, pas très étroits, sont transversalement subrugueux, marqués d'une ponctuation sériale tantôt presque aussi forte que celle des stries, tantôt plus faible, ou même à peine visible ; la pubescence sériale paraît alternativement un peu plus longue ; repli épipleural assez étroit, rétréci peu à peu avec le contour des élytres, et réduit à une tranche vers l'extrémité du 4e arceau ventral.

Prosternum en angle très obtus ou presque arrondi au-devant des hanches antérieures, finement alutacé, orné de chaque côté d'une fossette antécoxale transverse, ordinairement assez profonde, plus ou moins pubescente.

Mésosternum plus court que le prosternum, prolongé en angle jusque vers l'extrémité des hanches intermédiaires, entre lesquelles il est à peu près aussi large que le trochanter médian.

Métasternum environ de la longueur du 1er arceau abdominal, parsemé d'une ponctuation assez fine, presque obsolète, orné dans son milieu postérieur d'une ligne ou dépression longitudinale souvent oblitérée, faiblement émarginé en angle très obtus, avec une légère incision médiane entre les hanches postérieures.

Abdomen de 5 segments, à peu près imponctués : le 1er n'égalant pas tout à fait les 3 suivants réunis, s'avançant en lame intercoxale subarrondie ou subtronquée : les 2e à 4e arceaux courts, subégaux ; le 5e est plus long que le précédent et orné dans son milieu d'une dépression transverse peu sensible chez la ♀, assez profonde chez le ♂ qui possède en outre un 6e petit segment supplémentaire caché au milieu de la pubescence.

Hanches antérieures arrondies-subconiques, contiguës, saillantes en dehors de leurs cavités ; les médianes arrondies-globuleuses, séparées par une lame mésosternale assez étroite ; les postérieures transversales sont environ trois fois plus écartées que les intermédiaires.

Cuisses assez robustes. *Tibias* presque linéaires ; les antérieurs droits dans la ♀, plus ou moins sinués intérieurement vers le sommet chez le ♂. *Tarses* ayant leurs 2 premiers articles inégaux, le 2e un peu moins allongé ; le 3e égale les 2 précédents réunis ; chez le ♂, le métatarse antérieur est légèrement dilaté. *Ongles* simples.

HABITAT. La *C. fulva* est cosmopolite : elle a été rencontrée dans la plus grande partie de l'Europe, en Asie Mineure, au nord de l'Afrique (depuis l'Égypte et la Tunisie jusqu'au Maroc) ; elle vit aussi à Madère. Je crois que la collection du Musée royal de Bruxelles en renferme plusieurs échantillons recueillis aux États-Unis d'Amérique, sans indication plus précise de localité. En France et en Corse, on la trouve assez communément dans les écuries et les caves, sous la paille (1).

OBS. La présence de cette espèce sous des climats très divers explique la variabilité d'aspect et de sculpture qu'elle présente et qui l'a fait souvent méconnaître. Aussi a-t-elle été décrite un grand nombre de fois, comme on peut le voir par la longue liste synonymique que je viens de dresser sans être certain qu'elle soit complète. Cependant, si l'on s'en tient aux caractères essentiels, il n'est pas difficile de la séparer de ses

(1) Elle a été, dit-on, rencontrée une fois dans un cercueil. C'est là évidemment un habitat accidentel qui peut être expliqué par la présence de productions cryptogamiques sur les planches, mais qui ne permet pas de considérer cet insecte comme appartenant à la faune sépulcrale ; car, pas plus que ses congénères, il ne vit de substances animales en décomposition.

congénères. Dans le groupe dont elle fait partie, elle se distingue de suite à la forme cordée du corselet qui est plus ou moins élargi avant le milieu de ses côtés et à peine moins large en cet endroit que les élytres. La fossette antéscutellaire du pronotum est ordinairement assez profonde. Le 5e arceau ventral n'est pas plan dans les 2 sexes, mais il offre, au moins chez le ♂, une dépression transverse assez sensible. Enfin, la pubescence qui orne sérialement les étuis, est plus dense que celle de l'*illaesa ;* et, lorsqu'on a sous les yeux des exemplaires frais ou bien conservés, on s'aperçoit qu'elle est double, c'est-à-dire inégale, et alternativement un peu plus ou un peu moins longue.

Faut-il ranger la *C. concolor* parmi les synonymes de l'espèce actuelle? Comme l'auteur le fait justement remarquer, elle en est extrêmement voisine ; toutefois, elle paraît un peu plus étroite ; le corselet offre des crénelures latérales fines, un peu écartées en arrière et une ponctuation qui, comme celle des élytres, est un peu plus forte. Le caractère distinctif le plus saillant consisterait dans la brièveté de la pubescence et dans la sinuosité interne antéapicale des tibias antérieurs du ♂ qui est un peu plus accusée.

M. H. Brisout de Barneville a bien voulu me communiquer l'un des deux exemplaires sur lesquels il a établi sa *C. concolor*. En le comparant aux échantillons de *C. fulva* que j'ai recueillis moi-même en Corse, et à ceux de provenances diverses que je possède dans ma collection, j'avoue que j'ai conçu des doutes sérieux au sujet de la légitimité de l'espèce nouvelle. La pubescence dorsale des élytres est, il est vrai, plus courte ; mais, comme celle de la marge latérale est tout aussi longue que chez la *C. fulva*, il y a lieu de supposer que cette différence de longueur tient au frottement et à l'usure des poils, ainsi qu'il arrive d'ailleurs assez souvent. Quant aux autres caractères signalés, leur inconstance dans le genre *Corticaria*, et en particulier chez la *C. fulva*, ne permet pas d'en tenir un compte absolu. Une séparation spécifique ne semble donc pas suffisamment justifiée, et je suis convaincu que mon savant collègue de la Société entomologique partagera cet avis et qu'il n'hésitera pas à reconnaître son erreur.

On rapporte également à l'espèce actuelle la *C. cypria* Baudi et la *C. stigmosa* Motschulsky. — Je ne sais si la première a été décrite quelque part, ou si elle est inédite : aucun des nombreux recueils de littérature entomologique que j'ai dû consulter ne m'a fourni de renseignements à cet égard ; ce n'est peut-être qu'un nom *in litteris*. En ce dit, en effet, que la taille est presque du double plus petite, que les élytres sont régulièrement striées par de gros points enfoncés, et que les intervalles sont étroits, un peu convexes et transversalement ruguleux. Ces expressions, qui conviennent assez bien aux exemplaires de la *C. longicollis*, sont tout à fait inapplicables à la sculpture ordinaire des étuis chez la *C. fulva*.

Des détails intéressants sur les premiers états de cette espèce ont été fournis par Thévenet (Ann. Soc. Ent. Fr., 1874).

C'est probablement entre la *C. fulva* et la *C. umbilicata* que doit se placer un insecte recueilli aux îles Canaries, sous de vieilles touffes de romarin, la *C. maculosa* Wollaston (Ann. nat. Hist., 1858, 3e série, II, pag. 408), dont le 5e segment abdominal présente une impression transverse, comme les 2 espèces que je viens de nommer. Elle se distingue de la première par sa pubescence fine et très courte, et de la seconde par la forme et la sculpture du corselet. On la reconnaîtra de suite à sa couleur d'un testacé brunâtre, avec les élytres rembrunies à la base et au sommet, ornées au milieu d'une tache transversale noirâtre; son pronotum est presque cordé, arrondi sur les côtés un peu avant le milieu, couvert d'une ponctuation forte et serrée, et marqué d'une fossette arrondie assez profonde au-devant de l'écusson. (Long., 2 à 2 1/2 mill.).

4e GROUPE.

Avec l'espèce suivante, qui doit constituer à elle seule une section distincte, commence une nouvelle série caractérisée par la brièveté et souvent aussi par la rareté de la pubescence. Celle-ci, couchée sur les élytres dans les groupes ultérieurs, offre ici une disposition toute particulière : de petites soies blanchâtres, sortant du fond des points, se redressent à la surface des étuis, et contribuent à donner à l'insecte un aspect qu'on ne saurait exprimer d'une manière saisissable, mais qu'il est impossible de méconnaître lorsqu'on l'a vu une fois sur un échantillon bien frais. Malgré la variabilité assez notable de la sculpture et même de la forme dans la plupart des organes, le contour général du corps allongé, cylindrique, un peu convexe et presque parallèle, (la tête, le corselet et les élytres étant à peu près de même largeur), indique suffisamment qu'on a devant soi un type très distinct parmi les *Corticaria* de notre faune européenne.

8. Corticaria umbilicata, Beck.

Allongée, étroite, subparallèle, un peu convexe, roux ferrugineux (rarement couleur de poix, ou rembrunie par places); couverte de petites soies blanchâtres rigides sérialement disposées sur les élytres. Article 8ᵉ des antennes non allongé, subglobuleux. Tête à ponctuation éparse, un peu plus forte latéralement. Corselet non cordiforme, souvent plus long que large, parfois transverse, assez fortement arrondi au milieu des côtés, aussi large, ou à peu près, en cet endroit que les élytres, ponctué assez finement et serré, avec une petite fossette arrondie, faible ou obsolète, au-devant de l'écusson. Élytres offrant 8 stries ponctuées assez régulières et profondes, avec les intervalles non relevés, sérialement pointillés, légèrement ruguleux. Métasternum subégal au 1ᵉʳ arceau de l'abdomen, orné dans son milieu postérieur d'un sillon longitudinal étroit, plus ou moins prononcé. Une légère dépression transversale, souvent à peine distincte, sur le 5ᵉ segment du ventre.

♂ *Tibias antérieurs* à peu près droits, très faiblement sinués avant leur sommet interne. *Premier article* des tarses antérieurs dilaté et garni d'une longue villosité. Un 6ᵉ petit arceau ventral supplémentaire.

♀ *Tibias antérieurs* droits. *Métatarse antérieur* simple. Point de 6ᵉ arceau ventral.

Long., 0ᵐ0016 à 0ᵐ002 (3/4 à 7/8 lign.); — larg., 0ᵐ0006 à 0ᵐ0008 (2/7 à 3/10 lign.).

Lathridius umbilicatus, Beck, Beitr. z. bayer. Ins., 1817, pag. 13, pl. 3, fig. 13.
Corticaria umbilicata, Reitter, Bestimmungs-Tabellen III, pag. 62. — H. Brisout de Barneville, Ann. Soc. ent. Fr. 1881, pag. 384, n. 3.
Corticaria cylindrica, Mannerheim, in Germ. Zeitschr. V, pag. 35, n. 23. — Waterhouse, Trans. ent. Soc. Lond., V, pag. 139, n. 6. — Thomson, Skand. Colecpt., V, pag. 229, n. 6. — Reitter, Stett. ent. Zeit., 1875, pag. 422.
Corticaria umbilicifera, Mannerheim, loc. cit., pag. 37. n. 25.
Corticaria boreal s, Wollaston, Zoolog., 18.5, app., pag. 206.
Corticaria cribricollis, Fairmaire, Catal. Grenier, 1863, pag. 72.
Corticaria angusta, Aubé, Ann. Soc. ent. Fr., 1866, pag. 162, n. 2.— H. Brisout de Barneville, Ann. Soc. ent. Fr., 1881, pag 391, n. 13.
Corticaria cylindripennis, Motschulsky, Bull. Mosc., 1867, I, pag. 68.
Corticaria punctatissima, Motschulsky, loc. cit., pag. 69.
Corticaria subpicea, Motschulsky, loc. cit., pag. 70.

Corps allongé, étroit, subparallèle, un peu convexe, couvert d'une pubescence blanchâtre assez courte et un peu relevée sur les élytres ; brillant, d'un rouge ferrugineux ou même couleur de poix, avec les antennes et les pattes plus pâles ; parfois les élytres sont rembrunies à la suture et sur les côtés ; et plus rarement, le disque du corselet l'est aussi.

Tête un peu moins longue que large, nettement transversale dans sa partie comprise entre les antennes et le bord antérieur du corselet, un peu inclinée en avant, à peine moins large (y compris les yeux), que le pronotum dans sa plus grande largeur ; offrant une ponctuation éparse, un peu plus forte sur les côtés du front et un sillon transversal post-oculaire. *Epistome* transverse, très rétréci à la base par l'insertion antennaire, situé sur le même plan que le front dont il est séparé par une suture plus ou moins distincte. *Labre* court, arrondi aux angles antérieurs, émarginé en devant.

Antennes peu robustes, pubescentes, insérées en dessus à l'angle antérieur du front, un peu plus courtes que la tête et le corselet réunis, composées de 11 articles : le 1er fortement dilaté, en massue ; le 2e subégal au 3e, ovalaire, allongé, beaucoup plus mince que le 1er, mais encore un peu plus épais que les suivants (excepté à sa base) ; 3e à 8e subcylindriques, un peu plus longs que larges, décroissant graduellement jusqu'au 8e qui est subglobuleux ; 9e à 11e formant la massue qui est lâche, allongée, avec les 2 premiers articles obconiques, à peu près égaux, presque aussi larges que longs ; et le 11e en ovale, plus allongé que le pénultième.

Yeux arrondis, proéminents, occupant plus de la moitié du bord latéral de la tête à partir de l'insertion antennaire, séparés du corselet par des tempes très distinctes en forme de saillie tuberculeuse surmontée de quelques poils couchés vers l'œil.

Pronotum non ou à peine plus large que long, coupé droit et également rétréci en avant et en arrière, assez fortement arrondi au milieu des côtés, et égalant presque en cet endroit la largeur des élytres ; côtés non marginés, plus ou moins crenelés et ciliés, avec 2 ou 3 des crénelures médianes mieux marquées ; les angles postérieurs sont obtus et munis ordinairement d'une petite dent latérale saillante, aboutissant vis-à-vis de la 5e strie des élytres ; la surface est couverte d'une ponctuation assez fine et serrée, avec une petite fossette arrondie, très faible et souvent obsolète, au devant de la base.

Ecusson très apparent, transversal, plus ou moins distinctement sillonné en travers près de son sommet.

Elytres en ovale allongé, convexes, presque 3 fois aussi longues que le corselet, aussi larges que lui au milieu, un peu arrondies aux angles huméraux, avec le calus peu marqué, s'arrondissant presque ensemble à l'extrémité ; offrant 8 stries ponctuées assez régulières et profondes, dont les intervalles, non relevés, sont légèrement ruguleux, et parés d'une série distincte de petites soies dressées, sortant du fond des points ; ceux-ci plus fins et plus écartés que ceux des stries ; repli épipleural médiocre, peu à peu rétréci avec le contour de l'élytre, et réduit à une tranche vers le 4e arceau ventral.

Prosternum très obtus au-devant des hanches antérieures ; couvert d'une ponctuation assez forte, pas très serrée, au milieu d'un guillochis extrêmement fin mais distinct à un fort grossissement ; creusé de chaque côté d'une fossette transverse antécoxale, à peine pubescente au fond.

Mésosternum un peu plus court que le prosternum, ponctué et guilloché de même, prolongé entre les hanches intermédiaires presque jusqu'à leur extrémité, et pas plus large que le trochanter médian.

Métasternum subégal au 1er arceau de l'abdomen, ponctué éparsement et très finement guilloché ; orné dans son milieu postérieur d'un sillon longitudinal assez étroit et plus ou moins prononcé ; émarginé en angle obtus, avec une incision médiane entre les hanches postérieures.

Abdomen de 5 segments : le 1er égalant presque les 3 suivants réunis, s'avançant en saillie anguleuse entre les hanches postérieures, parsemé de points un peu plus écartés et moins marqués que ceux du métasternum, plus finement guilloché ; les 2e à 4e arceaux courts, subégaux, à ponctuation oblitérée ; le 5e est orné d'une pubescence plus épaisse et d'une dépression transversale très légère, souvent à peine distincte vers le sommet ; chez la ♀, il est un peu plus allongé que le précédent ; chez le ♂, il est à peu près de même longueur que le 4e, et il est suivi d'un 6e petit segment supplémentaire à peine distinct.

Hanches antérieures arrondies, contiguës ; les médianes globuleuses, séparées par une lame mésosternale assez étroite, les postérieures transversales sont environ 3 fois plus écartées que les intermédiaires.

Cuisses assez robustes. *Tibias* presque linéaires ; les antérieurs droits dans la ♀, à peu près droits ou faiblement sinués vers leur sommet interne chez le ♂. *Tarses* ayant leurs 2 premiers articles inégaux (le 2e seulement un peu plus court), le 3e égale les 2 précédents réunis ; le métatarse antérieur est dilaté chez le ♂, et garni d'une longue villosité. *Ongles* simples.

Habitat. L'espèce actuelle paraît vivre dans presque toute l'Europe et en Algérie ; néanmoins, s'il fallait en juger d'après les collections qui m'ont passé sous les yeux, elle ne serait pas très répandue. M. H. Brisout de Barneville assure qu'elle est assez commune à Paris, et qu'on la capture sous les écorces de peuplier, ou en fauchant sur des plantes basses. Je l'ai prise dans le département de Vaucluse, sous des détritus de graminées. M. Rey l'a rencontrée à Collioure (Pyrénées-Orientales), dans les mêmes conditions. M. Guillebeau m'en a communiqué plusieurs exemplaires recueillis au Mont-Pilat (Loire).

Obs. J'ai dit ci-dessus quels caractères essentiels distinguent la *C. umbilicata* de ses congénères. L'instabilité des détails morphologiques de moindre importance était de nature à induire en erreur sur la question de l'unité ou de la multiplicité spécifique du type. Aussi la liste des synonymes, établis sur des variations accidentelles ou sur de simples races locales, s'est-elle accrue dans de notables proportions. Les matériaux trop peu abondants que j'ai eus sous les yeux ne m'ont pas permis de constater par moi-même la nécessité de toutes les réunions proposées par M. Reitter ; mais du moins l'étude des différentes diagnoses ne fournit aucune objection sérieuse qui puisse ébranler les conclusions adoptées par ce connaisseur si perspicace, et je ne n'hésite pas à les adopter pour mon propre compte.

5e groupe.

Les élytres fortement ponctuées en séries assez visiblement sulciformes, avec les intervalles souvent légèrement relevés, convexiuscules, et offrant une ponctuation sériale très fine, mais point de rides transversales, la pubescence fine et couchée, la tête pourvue de tempes distinctes en forme de saillie tuberculeuse, le corps non régulièrement cylindrique, caractérisent le groupe actuel qui comprend, à ma connaissance, deux espèces européennes. Une seule cependant a été rencontrée sur notre territoire.

9. Corticaria impressa, Olivier.

Oblongue, un peu convexe, d'un brun noir, avec les antennes et les pattes d'un roux ferrugineux, parfois élytres de cette même couleur avec la suture et les bords latéraux rembrunis ; couverte d'une pubescence médiocrement longue, couchée. Tous les articles du funicule antennaire et de la massue allongés. Tête à ponctuation éparse, assez fine ; des tempes distinctes en forme de saillie tuberculeuse. Corselet subcordiforme, à peine plus long que large, arrondi sur les côtés avant le milieu et moins large en cet endroit que les élytres, ponctué assez finement et serré, bord latéral très finement et presque obsolètement crénelé, une fossette arrondie, souvent peu profonde, au-devant de l'écusson. Élytres en ovale allongé, offrant 8 stries ponctuées profondes et régulières jusqu'au sommet, avec les intervalles assez larges, planiuscules ou subcostiformes, non ruguleux, sérialement pointillés (les externes presque sans points). Métasternum un peu plus court que le 1er *segment de l'abdomen, orné dans son tiers postérieur environ d'une impression longitudinale fovéiforme.*

♂ *Tibias antérieurs* un peu sinués intérieurement vers l'extrémité et terminés par une petite épine. *Premier article* des tarses antérieurs légèrement dilaté-ovale, et garni d'une villosité assez longue. 5e *arceau ventral* orné dans son milieu d'une légère dépression ovale fovéiforme et suivi d'un 6e petit segment supplémentaire.

♀ *Tibias antérieurs* droits. *Premier article* des tarses antérieurs simple. *Abdomen* de 5 arceaux seulement, le cinquième plan.

Long., 0m0022 à 0m0025 (1 à 1 1/6 lign.) ; — larg., 0m0008 à 0m0009 (3/10 à 2/5 lign.).

Ips impressa, Olivier, Ent. II, 18o, pag. 14 ; pl. 3, fig. 21, a-b.
Corticaria impressa, Mannerheim, in Germ. Zeitschr., V, pag. 24, n. 9.— Reitter, Stett. ent. Zeit., 1875, pag. 423. — H. Brisout de Barneville, Ann. Soc. ent. Fr., 1881, pag. 397, n. 21.
Lathridius longicornis, Herbst, Käf., V, pag. 4 ; pl. 44, fig. 1, A.
Corticaria longicornis, Thomson, Skand. Coleopt., V, pag. 227, n. 4.
Lathridius sculptipennis, Falderman, Faun. Transcauc., II, pag. 252, n. 472.
Corticaria badia, Mannerheim, in Germ. Zeitschr., V, pag. 25, n. 10.
Corticaria campicola, Mannerheim, loc. cit., pag. 26, n. 11.
Corticaria validipes, Motschulsky, Bull. Mosc., 1867, I, pag. 54.

Corps oblong, assez convexe, brillant, couvert d'une pubescence blanchâtre pas très courte, couchée; d'un brun noir ou même d'un noir profond, avec les antennes et les pattes d'un rouge ferrugineux (les cuisses assez souvent un peu plus sombres); parfois les élytres ferrugineuses, avec la suture et les bords latéraux rembrunis; rarement ferrugineux en entier, sauf les yeux qui sont noirs.

Tête à peine moins longue que large, nettement transversale dans sa partie comprise entre les antennes et le bord antérieur du corselet, inclinée en avant, sensiblement moins large (y compris les yeux) que le pronotum dans sa plus grande largeur; offrant, au milieu d'un guillochis extrêmement fin et parfois indistinct, une ponctuation éparse, assez fine; rétrécie et marquée d'un sillon postoculaire transverse. *Epistome* très rétréci à sa base par l'insertion antennaire, situé sur le même plan que le front, dont il est séparé par une suture un peu arquée, plus ou moins distincte. *Labre* court, dilaté-arrondi à ses angles antérieurs, émarginé.

Antennes peu robustes, pubescentes, insérées en dessus à l'angle antérieur du front, environ aussi longues que la tête et le corselet réunis, composées de 11 articles : le 1er fortement dilaté, allongé, subglobuleux; le 2e plus court que chacun de ceux entre lesquels il se trouve, subovalaire, beaucoup plus mince que le 1er, mais encore un peu plus épais que les suivants, excepté à sa base; les 3e à 8e subcylindriques, tous nettement plus longs que larges, quoique décroissant peu à peu jusqu'à la massue; celle-ci lâche, allongée, formée par les articles 9e à 11e, dont les 2 premiers sont obconiques, allongés, subégaux; le dernier est ovalaire, un peu plus allongé que le précédent.

Yeux arrondis, proéminents, occupant plus de la moitié du bord latéral de la tête à partir de l'insertion antennaire, séparés du corselet par des tempes très distinctes, en forme de saillie tuberculeuse surmontée de quelques poils couchés vers l'œil.

Pronotum subcordiforme, un peu ou à peine plus long que large, coupé à peu près droit en avant et en arrière, arrondi sur les côtés un peu avant le milieu, avec les angles antérieurs subarrondis, presque indistincts, et les postérieurs obtus, aboutissant entre la 4e et la 5e strie des élytres; côtés non marginés, ciliés, très finement et presque obsolètement crénelés (sans denticulation); la surface est couverte d'un guillochis extrêmement fin, parfois indistinct, et d'une ponctuation assez fine et serrée; elle est marquée d'une fossette arrondie, ordinairement peu profonde, au devant du milieu basilaire.

Écusson très apparent, transversal, assez distinctement sillonné en travers près de son sommet.

Elytres en ovale allongé, convexes, un peu plus larges dès leur base que le corselet, subarrondies aux angles huméraux, avec le calus peu marqué, s'arrondissant presque ensemble à l'extrémité, offrant 8 stries ponctuées, profondes et régulières, avec les intervalles assez larges, planiuscules ou subcostiformes, sérialement mais très finement pointillés, les externes presque sans points; repli épipleural médiocre, peu à peu rétréci avec le contour de l'élytre, et réduit à une tranche vers le 4e arceau ventral.

Prosternum très obtus au devant des hanches antérieures, couvert d'une ponctuation éparse, assez marquée; creusé de chaque côté d'un large et profond sillon antécoxal, qui est plus fortement excavé aux deux bouts, et où on ne distingue aucune trace de pubescence.

Mésosternum plus court que le prosternum, ponctué de même, prolongé entre les hanches intermédiaires presque jusqu'à leur extrémité, à peine aussi large que le trochanter médian.

Métasternum un peu plus court que le 1er arceau de l'abdomen; ponctué éparsement et assez finement; orné environ dans son tiers postérieur d'une impression longitudinale fovéiforme ou même d'une simple fossette ovale, peu marquée; faiblement émarginé en angle obtus entre les hanches postérieures.

Abdomen de 5 segments : le 1er égalant presque les 3 suivants réunis, ponctué à peu près comme le métasternum, s'avançant en pointe émoussée entre les hanches postérieures; les 2e à 4e arceaux, à ponctuation plus ou moins oblitérée, courts, subégaux; le 5e est un peu plus long que le précédent; il est suivi chez le ♂ d'un très petit 6e segment supplémentaire, et offre dans son milieu une légère dépression ovale fovéiforme qui n'existe pas chez la ♀.

Hanches antérieures arrondies-subconiques, à peu près contiguës, assez saillantes en dehors de leurs cavités; les médianes globuleuses sont séparées par une lame mésosternale assez étroite; les postérieures transversales sont environ 3 fois plus écartées que les intermédiaires.

Cuisses assez robustes. *Tibias* presque linéaires; les antérieurs droits dans la ♀, un peu sinués intérieurement vers l'extrémité chez le ♂, ainsi que les intermédiaires, mais ceux-ci moins distinctement. *Tarses* ayant leurs 2 premiers articles inégaux (le 2e un peu plus court); le 3e égale au moins les 2 précédents réunis; chez le ♂, le métatarse antérieur est légèrement dilaté-ovale, et garni d'une villosité assez longue. *Ongles* simples.

Habitat. Cette jolie espèce semble affectionner les prés marécageux, où on la capture au pied des joncs et des carex ; elle a été prise aussi par M. Tappes, sous des fanes de pommes de terre. Elle habite les diverses contrées de l'Europe jusqu'au Caucase. J'ai vu des échantillons provenant de plusieurs localités soit riveraines de la Seine aux environs de Paris, soit des régions qui avoisinent Lyon.

Obs. La plupart des synonymes cités plus haut ne sont que de simples variétés de coloration. La *C. impressa* est très reconnaissable aux stries sulciformes de ses élytres et aux autres caractères que j'ai signalés en tête du groupe. Elle a tous les articles de ses antennes manifestement plus longs que larges, et cette particularité qui lui est commune avec la *C. pubescens* lui a fait donner par Herbst le nom de *longicornis*. — Son corselet cordé, dilaté-arrondi avant le milieu, à crénulation latérale subobsolète, et les rangées striales des étuis marquées jusqu'au bout la distinguent de la *C. denticulata* de Gyllenhal et de Mannerheim (d'après M. Reitter qui affirme en avoir examiné le type), chez laquelle le prothorax doit être notablement plus large que long, également arrondi sur les côtés qui sont très visiblement et finement denticulés, et les rangées striales des élytres sont raccourcies avant l'extrémité.

Je me suis demandé à laquelle de ces 2 espèces il fallait rapporter la *C. denticulata* Waterhouse (Trans. ent. Soc. Lond. V, pag. 136, n. 3). Les termes de la diagnose latine donnent lieu de croire qu'il s'agit en effet de la forme Gyllenhalienne; mais, dans les observations dont l'auteur a fait suivre cette diagnose, il est dit que l'insecte visé par la description a été en plusieurs rencontres envoyé d'Allemagne sous le nom de *C. longicornis*, et ceci permet de supposer que l'insecte anglais serait plutôt la *C. impressa* d'Olivier, dont il a du reste la coloration habituelle et variable. J'ignore si les deux espèces font partie de la faune britannique, ou bien si une seule y est représentée. C'est aux entomologistes d'outre-Manche à nous renseigner sur ces points douteux. Quoi qu'il en soit, je ne sache pas que la *C. denticulata* qui est, paraît-il, fort rare, ait été rencontrée dans les limites de notre territoire. Si le fait venait à se produire, on la reconnaîtrait aux caractères différentiels signalés tout à l'heure. L'espèce décrite sous ce nom par M. H. Brisout de Barneville est, ainsi qu'on le verra plus loin, la *C. saginata* Mannerheim, qui en est très voisine sans doute, mais qui appartient au groupe suivant.

6e GROUPE.

La pubescence courte et couchée sur les étuis, le corps en général de taille inférieure et un peu convexe, la tête dépourvue de tempes distinctes en arrière des yeux qui sont ainsi contigus ou à peu près au bord antérieur du corselet, le dernier article du funicule antennaire et souvent aussi le second article de la massue transverses ou à peine aussi longs que larges, le cinquième arceau de l'abdomen orné (au moins dans l'un des sexes) d'une fossette ou d'une légère dépression, séparent suffisamment les 4 espèces suivantes de leurs congénères des divers groupes entre lesquels je les ai placées. Elles n'ont ni la forme cylindrique et allongée, ni les petits poils rigides qui caractérisent le 4e; — les stries des élytres ne sont point creusées en sillons, et leur tête n'offre pas de tubercule postoculaire comme dans le 5e; — ce dernier caractère les différencie du 7e, où le corps est en outre évidemment déprimé; — enfin, la sculpture du 5e arceau ventral ne ressemble aucunement à celle du 8e, remarquable d'ailleurs par l'aplatissement très sensible du dessus du corps et par une taille plus avantageuse.

10. **Corticaria saginata**, MANNERHEIM.

Ovale-oblongue, convexe, d'un noir de poix avec les antennes et les pattes ferrugineuses, couverte d'une courte pubescence couchée. 8e article des antennes à peine aussi long que large. Tête à peu près lisse, dépourvue de tempes distinctes. Corselet en carré transversal, latéralement arrondi au milieu, presque aussi large que les élytres, ponctué finement et assez serré, côtés distinctement crénelés-denticulés, surtout à partir du milieu; une fossette médiane très légère au-devant de l'écusson. Elytres offrant 8 stries ponctuées assez fortes, s'affaiblissant vers le sommet, avec les intervalles sérialement pointillés planiuscules (les externes non costiformes). Métasternum subégal au 1er segment de l'abdomen, creusé dans sa moitié postérieure d'une assez profonde dépression fovéiforme.

♂ *Tibias antérieurs* subsinués à l'extrémité interne. *Premier article* des tarses antérieurs ovale, un peu dilaté. 5e *arceau ventral* un peu plus long que le 4e, faiblement déprimé en arc au sommet avec le bord densément frangé, laissant apercevoir un 6e petit segment supplémentaire.

♀ *Tibias antérieurs* droits. *Premier article* des tarses antérieurs simple. *Abdomen* de 5 arceaux seulement; le dernier notablement plus long que le pénultième, offrant avant le sommet une très légère dépression transverse, plus ou moins oblitérée.

Long., 0m0018 (4/5 lign.); — larg., 0m0008 (3/10 lign.).

Corticaria saginata, MANNERHEIM, in Germ. Zeitschr., V, pag. 24, n. 8.
Corticaria Lapponica, REITTER, Bestimmungs-Tabellen, III, pag. 25 (*nec* ZETTERSTEDT, *nec* THOMSON).
Corticaria denticulata, H. BRISOUT DE BARNEVILLE, Ann. Soc. ent. Fr., 1881, pag. 399, n. 25.

Corps en ovale allongé, convexe, assez brillant; couvert d'une pubescence blanchâtre couchée, courte et fine, mélangée sur les élytres (dans les individus bien frais) de quelques poils plus longs, noir ou noir brun, avec les antennes et les pattes ferrugineuses.

Tête un peu moins longue que large, nettement transversale dans sa partie comprise entre les antennes et le bord antérieur du corselet, environ moitié moins large (y compris les yeux) que le pronotum dans sa plus grande largeur, un peu inclinée en avant, presque lisse ou offrant quelques points épars, à peine marqués, avec un sillon postoculaire transverse, bien distinct. *Épistome* transversal, très rétréci à la base par l'insertion antennaire, situé sur le même plan que le front, dont il est séparé par une suture presque obsolète. *Labre* court, arrondi à ses angles antérieurs, faiblement émarginé en devant.

Antennes peu robustes, pubescentes, insérées en dessus à l'angle antérieur du front, égalant environ la longueur de la tête et du corselet réunis, composées de 11 articles : le 1er fortement dilaté, subglobuleux ; le 2e en ovale allongé, plus mince et plus court que le précédent, mais un peu plus long et plus épais que le 3e; celui-ci subcylindrique, allongé, ainsi que les 4e à 7e qui décroissent peu à peu ; le 8e arrondi, à peine aussi long que large; les 9e à 11e forment une massue lâche, allongée, dont les 2 premiers articles sont dilatés dès la base, subégaux, à peu près aussi longs que larges, et le dernier est ovalaire, sensiblement plus long que le précédent.

Yeux arrondis, proéminents, occupant plus de la moitié du bord de la tête à partir de l'insertion antennaire, paraissant dépourvus de tempes distinctes, simplement ciliés en arrière.

Pronotum court, transversal, également arrondi latéralement, de sorte que la plus grande largeur est au milieu, presque aussi large en cet endroit que les élytres, coupé à peu près droit en devant et en arrière; côtés non marginés, ciliés, finement et distinctement crénelés (les denticules nombreux, serrés, égaux, sensibles surtout à partir du milieu), à peine plus rétrécis vers la base avec les angles postérieurs obtus, en légère saillie dentiforme vis-à-vis de la 5e strie des élytres; surface finement alutacée, couverte d'une ponctuation fine, assez serrée, avec une fossette médiane antébasilaire médiocre et peu profonde.

Écusson très apparent, transversal, assez distinctement sillonné en travers près de son sommet.

Élytres en ovale allongé, convexes, subarrondies aux angles huméraux, avec le calus à peine marqué, s'arrondissant ensemble à l'extrémité; striées-ponctuées en 8 séries régulières de points assez forts, s'affaiblissant un peu vers le sommet (la juxta-suturale nettement sulciforme jusqu'au bout), avec les intervalles étroits, non costiformes vers le bord externe, sérialement pointillés de points bien plus faibles que ceux des stries; repli épipleural médiocre, rétréci peu à peu avec le contour de l'élytre et réduit à une tranche vers le 4e arceau ventral.

Prosternum en angle très obtus au-devant des hanches antérieures, couvert d'une ponctuation plus ou moins forte et écartée, creusé de chaque côté d'une fossette anté-coxale en ovale transverse assez profonde, et garnie d'une pubescence bien distincte et épaisse.

Mésosternum à peine aussi long que le prosternum, ponctué comme lui, anguleusement prolongé entre les hanches intermédiaires jusque vers leur extrémité et à peine aussi large en cet endroit que le trochanter médian.

Métasternum un peu plus court ou à peu près de la même longueur que le 1er segment abdominal, parsemé de points assez forts, plus ou moins superficiels; creusé dans sa moitié postérieure d'une dépression fovéiforme assez profonde, et nettement émarginé en angle obtus entre les hanches postérieures.

Abdomen de 5 segments : le 1er n'égalant pas tout à fait les 3 suivants réunis, parsemé de points fins aciculés, et s'avançant en lame intercoxale subarquée en devant; les 2e à 4e arceaux courts, subégaux; le 5e du ♂, un peu plus long que le précédent, paraît déprimé en arc au sommet, avec le bord densément frangé et laissant apercevoir un très petit 6e segment supplémentaire; le 5e de la ♀ est notablement plus long que le 4e et offre une dépression transverse plus ou moins sensible un peu avant le sommet.

Hanches antérieures en cône arrondi, contiguës, saillantes en dehors de leurs cavités ; les médianes arrondies, globuleuses, sont séparées par une lame mésosternale assez étroite ; les postérieures transversales sont au moins 3 fois plus écartées que les intermédiaires.

Cuisses robustes. *Tibias* presque linéaires ; les antérieurs du ♂ subsinués à l'extrémité interne. *Tarses* ayant leurs 2 premiers articles inégaux (le 1er plus allongé que le 2e); le 3e égale les 2 précédents réunis ; chez le ♂, le métatarse antérieur est ovale, un peu dilaté. *Ongles* simples.

Habitat. La *C. saginata* se trouve dans l'Allemagne du Nord, et elle descend au moins jusqu'en Suisse, où M. Guillebeau l'a capturée à Laupen, dans le canton de Berne. Elle paraît assez rare en France. M. H. Brisout de Barneville l'a prise en secouant des fagots, à Paris et à Saint-Germain-en-Laye. M. Guillebeau l'a également rencontrée dans les bois, sous des débris de feuilles, au Plantay (Ain). M. Rey en a trouvé un couple aux environs de Lyon, et un individu à Villié-Morgon (Rhône). Il est donc vraisemblable que des recherches plus attentives feront découvrir de nouvelles localités, et enrichiront les collections françaises, fort pauvres jusqu'ici.

Obs. En prenant pour guide l'*Essai monographique* de M. H. Brisout de Barneville, j'avais reconnu dans cet insecte celui auquel mon savant collègue applique le nom de *C. denticulata*, et la comparaison de mes exemplaires avec un type qu'il a bien voulu mettre à ma disposition, m'a démontré que je ne m'étais pas trompé sur ce point. Mais, lorsque j'ai tenté de vérifier cette détermination à l'aide des diagnoses originales de Gyllenhal, de Mannerheim et de Thomson, j'ai conçu quelques doutes, et j'ai dû examiner la question de plus près, d'autant mieux que M. Reitter déclarait (Wiener entom. Zeit., 1882, III, pag. 75) avoir eu sous les yeux des échantillons authentiques de la *C. Lapponica* Zetterstedt, et avoir constaté leur parfaite identité d'une part avec l'espèce décrite par M. H. Brisout de Barneville sous le nom de *denticulata*, et de l'autre avec la *C. saginata* de Mannerheim. Je me suis donc procuré un exemplaire de la prétendue *C. Lapponica* et j'en ai trouvé un autre dans la riche collection de M. E. Revelière : tous les deux proviennent d'Allemagne et ils ont été déterminés par M. Reitter lui-même. Or ceux-ci présentent manifestement le caractère distinctif de la *C. Lapponica* Reitter (= *saginata* Mannerheim), savoir, les stries ponctuées des élytres plus légèrement enfoncées avec les intervalles externes non costiformes. Il en est absolument de même chez nos échantillons français, qui doivent par conséquent être considérés comme appartenant à cette espèce et non pas à la *denticulata* des trois auteurs cités plus haut; celle-ci doit, en effet, posséder les caractères principaux du 5e groupe, c'est-à-dire des stries sulciformes sur les élytres, avec les intervalles (y compris les externes), convexiuscules, et des yeux séparés du bord antérieur prothoracique par des tempes subtuberculeuses.

Quant à la véritable *C. Lapponica* Zetterstedt (Ins. Lapp., pag. 199, n. 1), c'est une espèce particulière à l'extrême Nord de l'Europe. D'après un type communiqué par M. Thomson à M. H. Brisout de Barneville, qui veut bien me donner ces détails, les stries des élytres seraient fines, légéres et irrégulières, et, quoique semblable à la *denticulata* Gyll., sa forme serait moins cylindrique, un peu dilatée sur les côtés.

Il n'est pas difficile de séparer l'espèce actuelle de celles qui font également partie du 6e groupe : elle est la seule dont le corselet soit en carré transverse, presque aussi large que les élytres, et arrondi au milieu de ses côtés.

11. Corticaria serrata, Paykull.

Ovale-oblongue, assez convexe; rarement en entier d'un roux ferrugineux, mais d'ordinaire avec les élytres, la poitrine et l'abdomen d'un noir-brun; couverte d'une courte pubescence grise, couchée. 8e article des antennes subglobuleux. Tête dépourvue de tempes distinctes, ponctuée moins fortement et moins serré que le corselet. Celui-ci subcordiforme, transverse, arrondi sur les côtés un peu avant le milieu, un peu moins large en cet endroit que les élytres; bord latéral crénelé-denticulé surtout postérieurement; une fossette arrondie assez profonde, au-devant de l'écusson. Élytres offrant 8 stries ponctuées assez fortes, avec les intervalles étroits, non costiformes, transversalement ruguleux, à ponctuation sériale ordinairement plus faible que celle des stries. Métasternum subégal au 1er arceau de l'abdomen, plus ou moins marqué d'une impression longitudinale dans sa moitié postérieure. Cinquième arceau ventral orné dans les deux sexes d'une fovéole antéapicale.

♂ *Tibias antérieurs* à peine subsinués vers le sommet interne. *Premier article* des tarses antérieurs légèrement dilaté. Un 6e petit arceau ventral supplémentaire.

♀ *Tibias antérieurs* droits. *Premier article* des tarses antérieurs simple. *Cinq arceaux* seulement à l'abdomen.

Long., 0m0018 à 0m0022 (4/5 à 1 lign.); — larg., 0m0007 à 0m0008 (1/3 à 3/10 lign.).

Dermestes serratus, PAYKULL, Faun. Suec., I, pag. 300, n. 31.
Corticaria serrata, MANNERHEIM, in Germ. Zeitschr., V, pag. 28, n. 14. — WATERHOUSE, Trans. ent. Soc. Lond., V, pag. 138, n. 5. — THOMSON, Skand. Coléopt. V, pag. 230, n. 7. — REITTER, Stett. ent. Zeit., 1875, pag. 425. — H. BRISOUT DE BARNEVILLE, Ann. Soc. ent. Fr., 1881, pag. 400, n. 26.
Corticaria Motschulskyi, KOLENATI, Melet. entom., III, pag. 41.
Corticaria laticollis, MANNERHEIM, in Germ. Zeitschr., V, pag. 29, n. 15.
Corticaria axillaris, MANNERHEIM, loc. cit., pag. 30, n. 16.
Corticaria rotulicollis, WOLLASTON, Ins. Mader., pag. 184, n. 146.

Corps en ovale allongé, un peu convexe, couvert d'une fine pubescence grise, courte et couchée; ordinairement roux ferrugineux avec les élytres (parfois rufescentes aux épaules), la poitrine et l'abdomen d'un noir brun; rarement en entier d'un roux ferrugineux ou d'un testacé obscur.

Tête à peine aussi longue que large, nettement transversale dans sa partie comprise entre les antennes et le bord antérieur du corselet, inclinée en avant, plus étroite (y compris les yeux) que le pronotum dans sa plus grande largeur; offrant une ponctuation ordinairement un peu moins forte et moins serrée que celle du corselet; rétrécie en arrière et marquée d'un sillon post-oculaire transverse. *Epistome* très rétréci à la base par l'insertion antennaire, situé sur le même plan que le front, dont il est séparé par une suture un peu arquée, souvent à peine distincte. *Labre* court, légèrement dilaté-arrondi à ses angles antérieurs, subémarginé en devant.

Antennes peu robustes, pubescentes, insérées en dessus à l'angle antérieur du front, à peine aussi longues que la tête et le corselet réunis; composées de 11 articles: le 1er fortement dilaté, allongé, subglobuleux; le 2e un peu plus court que chacun de ceux entre lesquels il se trouve, subovalaire, beaucoup plus mince que le 1er mais encore plus épais que les suivants, excepté à sa base; les 3e à 8e subcylindriques, décroissant peu à peu, et nettement plus longs que larges, hormis le 8e qui est subglobuleux (1); massue lâche, allongée, formée par les articles 9 à 11, dont les 2 premiers sont fortement dilatés-arrondis dès la base, subégaux, et le dernier est ovalaire, un peu plus allongé que le précédent.

Yeux arrondis, proéminents, occupant plus de la moitié du bord latéral de la tête à partir de l'insertion antennaire, paraissant dépourvus de tempes, mais bordés de quelques poils épais, couchés en avant.

Pronotum subcordiforme, plus ou moins transverse, coupé droit en avant et en arrière, arrondi sur les côtés un peu avant le milieu, avec les angles antérieurs subarrondis indistincts, et les postérieurs obtus, aboutissant vis-à-vis de la 5e strie des élytres ; côtés non marginés, ciliés, nettement crénelés, avec les 4 à 6 denticules postérieurs assez écartés, un peu plus forts et un peu plus aigus ; la surface est couverte d'un guillochis extrêmement fin quoique distinct sous un fort grossissement, et d'une ponctuation rugueuse assez forte et serrée ; une fossette arrondie, plus ou moins profonde, au-devant du milieu basilaire.

Écusson très apparent, transversal, assez distinctement sillonné en travers près de son sommet.

Élytres ovales, un peu convexes, plus larges que le corselet à sa base, subarrondies aux angles huméraux, avec le calus légèrement saillant, s'arrondissant à peu près ensemble à l'extrémité, densément et profondément ponctuées en 8 séries, souvent presque géminées à la base et moins fortement enfoncées au sommet ; la série juxta-suturale est plus sensiblement sillonnée ; les intervalles, non carénés, sont transversalement ruguleux et offrent une ponctuation sériale plus ou moins fine, mais presque toujours plus faible que celle des stries ; repli épipleural assez étroit, rétréci graduellement avec le contour de l'élytre, et réduit à une tranche vers le 4e arceau ventral.

Prosternum très obtus au-devant des hanches antérieures, rugueux, avec une fossette anté-coxale non ou à peine pubescente, plus ou moins obsolètement creusé de chaque côté.

Mésosternum plus court que le prosternum, rugueux comme lui, prolongé anguleusement entre les hanches intermédiaires presque jusqu'à leur extrémité, environ aussi large que le trochanter médian.

Métasternum à peu près aussi long que le 1er arceau de l'abdomen, à ponctuation rugueuse plus ou moins forte ; orné, dans sa moitié posté-

(1) Les auteurs disent que les articles 8e, 7e et même 6e, sont en carré subarrondi. L'examen au microscope ne me permet point de m'exprimer comme eux : le 8e article seul m'a semblé offrir cette apparence, tandis que les 6e et 7e sont distinctement allongés.

rieure au moins, d'une impression longitudinale plus ou moins marquée; faiblement émarginé en angle très obtus entre les hanches postérieures.

Abdomen de 5 segments : le 1er égalant presque les 3 suivants réunis, ponctué un peu moins finement que le métasternum, s'avançant en pointe arrondie entre les hanches postérieures; les 2e à 4e arceaux à ponctuation presque effacée, courts, subégaux ; le 5e est plus long que le précédent et orné dans les 2 sexes d'une faible fovéole apicale; chez le ♂, il est suivi d'un 6e segment supplémentaire très petit.

Hanches antérieures arrondies-subconiques, à peu près contiguës, saillantes en dehors de leurs cavités; les médianes arrondies, globuleuses, séparées par une lame mésosternale assez étroite; les postérieures transversales sont au moins 3 fois plus écartées que les intermédiaires.

Cuisses assez robustes. *Tibias* presque linéaires ; les antérieurs droits dans la ♀, presque droits ou à peine distinctement subsinués au sommet chez le ♂. *Tarses* ayant leurs 2 premiers articles inégaux (le 2e un peu plus court); le 3e égale les 2 précédents réunis ; chez le ♂, le métatarse antérieur est légèrement dilaté. *Ongles* simples.

Habitat. L'Europe tout entière, l'Asie au moins jusqu'au Caucase, et le Nord de l'Afrique avec l'île de Madère possèdent cette espèce, qui semble commune partout, sous les fumiers et les écorces, dans les fagots, ou parmi la paille des écuries. On la signale aussi de Nouvelle-Zélande.

Obs. Bien distincte de la *C. saginata* par la forme et la sculpture de son corselet, la *C. serrata* est au contraire extrêmement voisine des deux autres espèces du groupe actuel.— Lorsqu'elle est normalement colorée, c'est-à-dire lorsqu'elle a le corselet rufescent et les étuis noirâtres, il est très facile de la séparer au premier coup d'œil de la *C. Clairi* (celle-ci étant d'un rouge ferrugineux uniforme), et de la *C. obscura* (dont le corps tout entier, sauf les antennes et les pattes, est d'un noir ou brun roussâtre obscur). La difficulté de la détermination commence avec l'instabilité de la coloration. Alors cependant on la reconnaîtra à sa forme plus convexe et un peu moins étroite que celle de l'*obscura*, à ses élytres plus fortement ponctuées, à sa pubescence grise. — On est beaucoup plus exposé à la confondre avec la *Clairi*, qui n'en est peut-être d'ailleurs qu'une race méridionale, de forme un peu plus courte et plus ovale, où le prothorax est ponctué moins ruguleusement.

En dehors du groupe actuel, je ne vois guère que la *C. fenestralis*, dont le facies rappelle quelque peu celui de la *C. serrata ;* toute méprise est néanmoins impossible, puisque la *fenestralis,* sans mentionner ici d'autres détails de moindre importance, possède une pubescence rare, un corselet beaucoup plus étroit que les étuis, les stries ponctuées obsolètes après le milieu, et le 5e arceau ventral plan dans les deux sexes.

Les *C. axillaris* et *laticollis* de Mannerheim ne sont que de simples variétés de coloration : chez la première, qui se rapproche davantage de la coloration normale, les élytres sont brunes avec les épaules rufescentes; la seconde est uniformément d'un roux ferrugineux pâle et les crénelures du corselet sont un peu moins nettes, détail absolument insignifiant.

12. Corticaria Clairi, H. Brisout de Barneville.

Ovale plus court, un peu convexe, d'un roux ferrugineux uniforme; couverte d'une courte pubescence grise, couchée. 8e article des antennes subglobuleux. Tête à ponctuation assez fine, écartée; dépourvue de tempes distinctes. Corselet subcordiforme, transverse, arrondi sur les côtés un peu avant le milieu, un peu moins large en cet endroit que les élytres; couvert d'une ponctuation assez serrée, subruguleuse; bord latéral aigument crénelé-denticulé, surtout en arrière; une fossette arrondie assez profonde au-devant de l'écusson. Élytres un peu plus courtes, offrant 8 stries ponctuées assez fortes, avec les intervalles étroits, non costiformes, à peine transversalement ruguleux, marqués sérialement de points un peu plus faibles que ceux des stries. Métasternum subégal au 1er arceau de l'abdomen, orné dans sa moitié postérieure d'une impression longitudinale assez faible.

♂ *Tibias antérieurs* subsinués intérieurement vers le sommet. *Premier article* des tarses antérieurs dilaté. 5e *arceau ventral* creusé d'une fovéole anté-apicale, et suivi d'un 6e petit segment supplémentaire.

♀ *Tibias antérieurs* droits. *Premier article* des tarses antérieurs simple. *Cinq arceaux* seulement à l'abdomen; le dernier paraissant plan dans le seul individu que j'aie examiné.

Long., 0m0013 (3/5 lign.); — larg., 0m0006 (2/7 lign.).

Corticaria Clairi, H. Brisout de Barneville, Ann. Soc. ent. Fr., 1881, pag. 401, n. 27.

Corps en ovale assez court, un peu convexe, brillant, couvert d'une pubescence grise, courte et couchée ; entièrement d'un roux ferrugineux.

Tête à peine aussi longue que large, nettement transversale dans sa partie comprise entre les antennes et le bord antérieur du corselet, inclinée en avant, un peu plus étroite (y compris les yeux) que le prothorax dans sa plus grande largeur ; offrant une ponctuation écartée, assez fine, peu enfoncée ; légèrement marquée d'un sillon post-oculaire transverse. *Épistome* transversal, très rétréci à sa base par l'insertion antennaire, situé sur le même plan que le front, dont il est séparé par une suture un peu arquée, assez distincte. *Labre* court, légèrement dilaté-arrondi à ses angles antérieurs, subémarginé en devant.

Antennes peu robustes, pubescentes, insérées en dessus à l'angle antérieur du front, à peu près aussi longues que la tête et le corselet réunis, composées de 11 articles : le 1er fortement dilaté, allongé, subglobuleux ; le 2e un peu plus court que chacun de ceux entre lesquels il se trouve, ovalaire, plus mince que le 1er, mais plus épais que ceux du funicule ; les 3e à 8e subcylindriques ou obconiques, décroissant peu à peu, de sorte que le 8e est transverse et subglobuleux ; les 9e et 11e forment une massue lâche, allongée, dont les 2 premiers articles sont fortement dilatés-arrondis dès la base, subégaux, et le dernier est ovalaire, plus allongé que chacun des précédents.

Yeux arrondis, proéminents, occupant près de la moitié du bord latéral de la tête à partir de l'insertion antennaire, paraissant dépourvus de tempes, mais bordés de quelques poils épais couchés en avant.

Pronotum subcordiforme, transversal, coupé droit en avant et en arrière, arrondi sur les côtés un peu avant le milieu, avec les angles antérieurs subarrondis, indistincts, et les postérieurs obtus, faisant face environ à la 5e strie des élytres ; côtés non marginés, ciliés, crenelés et distinctement denticulés, avec les 3 ou 4 denticules postérieurs un peu saillants et plus écartés ; la surface est couverte d'un guillochis extrêmement fin, à peine distinct et d'une ponctuation assez serrée, subruguleuse, avec une fovéole médiane anté-basilaire, arrondie, assez profonde.

Écusson apparent, transversal, à peine distinctement sillonné en travers près de son sommet.

Elytres ovales, assez convexes, plus larges à la base que le corselet dans sa plus grande largeur, arrondies aux angles huméraux avec le calus presque indistinct ; s'arrondissant à peu près ensemble à l'extrémité ; densément et assez profondément striées-ponctuées en 8 séries, avec les intervalles assez étroits, à peine transversalement ruguleux et marqués sérialement de points un peu plus faibles que ceux des stries; repli épipleural assez étroit, peu à peu rétréci avec le contour de l'élytre, et réduit à une tranche vers le 4e arceau ventral.

Prosternum très obtus au-devant des hanches antérieures, plus ou moins rugueux, creusé de chaque côté d'une fossette antécoxale à peine pubescente.

Mésosternum à peine plus court que le prosternum, rugueux comme lui, prolongé anguleusement entre les hanches intermédiaires presque jusqu'à leur extrémité, à peine aussi large en cet endroit que le trochanter médian.

Métasternum environ de même longueur que le 1er arceau de l'abdomen, à ponctuation rugueuse plus ou moins forte, orné dans sa moitié postérieure au moins d'une impression longitudinale assez faible, subarcuément émarginé entre les hanches postérieures.

Abdomen de 5 segments : le 1er égalant presque les 3 suivants réunis, à ponctuation obsolète, fine et éparse, s'avançant en saillie intercoxale subarrondie au bout; les 2e à 4e arceaux courts, subégaux; le 5e est plus long que le précédent, et plan dans la ♀. Je n'ai vu qu'un exemplaire de ce sexe. M. H. Brisout de Barneville dit que, chez le ♂, le 5e arceau est fovéolé au sommet; il doit être suivi comme d'ordinaire d'un 6e petit segment additionnel.

Hanches antérieures en cône arrondi, contiguës, saillantes en dehors de leurs cavités; les médianes sont arrondies-globuleuses et séparées par une lame mésosternale étroite; les postérieures transversales sont environ 3 fois plus écartées que les intermédiaires.

Cuisses assez robustes. *Tibias* presque linéaires; les antérieurs du ♂ subsinués près de leur sommet interne; ceux de la ♀ droits. *Tarse* ayant leurs 2 premiers articles inégaux (le 2e un peu plus court); le 3e égale au moins les 2 précédents réunis; le métatarse antérieur du ♂ est dilaté. *Ongles* simples.

Habitat. Trouvé à Menton, sous les détritus.

Obs. Un exemplaire ♀, que M. H. Brisout de Barneville a bien voulu me communiquer, m'a semblé différer bien peu de la *C. serrata*. Sa forme est un peu plus courte et plus ovale, et le corselet est moins ruguleusement ponctué; la coloration est uniformément d'un roux ferrugineux; le 5e arceau ventral de la ♀ paraît dépourvu de la fovéole antéapicale qu'on remarque ordinairement dans les 2 sexes de la *serrata*. Cette dernière particularité serait seule de nature à justifier la séparation spécifique, si toutefois elle est constante, ce dont je ne puis juger d'après un seul individu. J'avoue avoir là-dessus quelques doutes, parce que j'ai rencontré pareille variation chez deux ou trois ♀ de la *serrata*. Néanmoins, il est plus sage de m'en rapporter à l'autorité de mon savant collègue, sous les yeux duquel ont passé des matériaux plus nombreux.

13. Corticaria obscura, Ch. Brisout de Barneville.

Ovale-allongée, subdéprimée, d'un noir ou d'un brun roussâtre obscur avec les antennes et les pattes ferrugineuses; couverte d'une fine pubescence couchée d'un cendré obscur. 8e article des antennes subglobuleux. Tête dépourvue de tempes distinctes, à ponctuation fine, écartée. Corselet subcordiforme, transverse, faiblement arrondi sur les côtés un peu avant le milieu, nettement moins large en cet endroit que les élytres; bord latéral finement crénelé avec 3 ou 4 petites dents plus visibles postérieurement. Ponctuation assez forte, peu serrée; une fossette arrondie, souvent peu marquée, au-devant de l'écusson. Élytres plus longues, subparallèles, offrant 16 rangées de points à peu près d'égale force. Métasternum égalant au moins le 1er segment de l'abdomen, orné dans sa moitié postérieure d'une ligne longitudinale qui part d'une petite fossette plus profonde.

♂ *Tibias antérieurs* à peine subsinués intérieurement avant le sommet. *Premier article* des tarses antérieurs un peu dilaté et assez longuement cilié. 5e *arceau ventral* un peu plus court que celui de la ♀, avec une dépression transversale peu sensible avant le sommet, qui est suivi d'un 6e petit segment supplémentaire.

♀ *Tibias antérieurs* droits. *Premier article* des tarses antérieurs simple. 5e *arceau ventral* relativement plus long, creusé d'une fovéole antéapicale, souvent peu distincte. Point de 6e segment supplémentaire.

Long., 0m0015 à 0m0018 (2/3 à 4/5 lign.); — larg., 0m0006 à 0m0007 (2/7 à 1/3 lign.).

Corticaria obscura, Ch. Brisout de Barneville, Catal. Grenier, 1863, pag. 73. — Reitter, Stett. ent. Zeit. 1875, pag. 429. — H. Brisout de Barneville Ann. Soc. ent. Fr. 1881, pag. 395, n. 18.

Corps en ovale allongé, subdéprimé, un peu brillant, couvert d'une fine pubescence d'un cendré obscur, courte et couchée; noir ou brun, avec les pattes et les antennes ferrugineuses (le dernier article de celles-ci est souvent rembruni).

Tête à peine aussi longue que large, nettement transversale dans sa partie comprise entre les antennes et le bord antérieur du corselet, inclinée en avant, un peu plus étroite (y compris les yeux) que le prothorax dans sa plus grande largeur; offrant une ponctuation fine, écartée; à peine marquée d'un sillon postoculaire transverse. *Epistome* très rétréci à la base par l'insertion antennaire, situé sur le même plan que le front, dont il est séparé par une suture à peu près droite, assez distincte. *Labre* court, arrondi aux angles antérieurs, un peu émarginé en devant.

Antennes peu robustes, pubescentes, n'égalant pas la longueur de la tête et du corselet réunis, insérées en dessus à l'angle antérieur du front, composées de 11 articles : le 1er fortement dilaté, allongé, subglobuleux : le 2e subégal au 1er, moins épais que lui, ovale, et plus long que les suivants ; 3e subcylindrique, allongé, subégal au précédent; les 4e à 8e décroissant peu à peu de longueur, de sorte que le 8e est subglobuleux et pas plus long que large ; les 9e à 11e formant une massue lâche, allongée, dont les deux premiers articles sont dilatés dès la base, un peu moins longs que larges, et le dernier est ovalaire, moitié plus long que chacun des précédents.

Yeux arrondis, proéminents, occupant plus de la moitié du bord latéral de la tête à partir de l'insertion antennaire, paraissant dépourvus de tempes distinctes.

Pronotum subcordiforme, un peu plus large que long, coupé droit en avant et en arrière, un peu arrondi avant le milieu, avec les angles antérieurs indistincts, un peu plus rétréci vers la base, avec les angles postérieurs obtus, faisant saillie à peu près vis-à-vis de la 5e strie des élytres; côtés non marginés, ciliés, finement crénelés, avec 3 ou 4 petites dents plus fortes postérieurement; la surface est couverte d'une ponctuation assez forte mais peu serrée, et creusée au milieu antébasilaire d'une fossette arrondie, parfois assez profonde, le plus souvent peu marquée.

Ecusson très apparent, transversal, distinctement sillonné en travers près de son sommet.

Elytres ovales, subdéprimées, presque parallèles, évidemment plus larges que le prothorax dans sa plus grande largeur, obsolètement striées-ponctuées, offrant leurs 16 rangées de points à peu près d'égale force, de sorte qu'il est presque impossible de distinguer les stries normales, avec les intervalles à peine ruguleux ; repli épipleural médiocre, rétréci graduellement avec le contour de l'élytre, réduit à une tranche vers le 4e arceau ventral.

Prosternum en angle obtus au-devant des hanches antérieures, rugueusement ponctué, creusé de chaque côté d'une fossette antécoxale transverse, à peine pubescente.

Mésosternum un peu plus court que le prosternum, ponctué comme lui, prolongé anguleusement entre les hanches intermédiaires presque jusque vers leur extrémité et à peine aussi large en cet endroit que le trochanter médian.

Métasternum égalant au moins la longueur du 1er segment abdominal couvert d'une ponctuation assez grosse mais superficielle, plus ou moins éparse au milieu d'un guillochis extrêmement fin ; orné dans sa moitié postérieure d'une ligne longitudinale imprimée qui aboutit en devant dans une petite fossette plus profonde ; émarginé en angle obtus entre les hanches postérieures.

Abdomen de 5 segments, à ponctuation éparse et obsolète : le 1e n'égalant pas les 3 suivants réunis, avancé en lame intercoxale subarrondie au sommet ; les 2e à 4e arceaux courts, subégaux ; le 5e du ♂ à peine plus long que le précédent, peu sensiblement déprimé en travers avant le sommet, et suivi d'un 6e petit segment supplémentaire ; le 5e de la ♀ un peu plus allongé relativement, et orné d'une petite fossette antéapicale souvent peu distincte.

Hanches antérieures en cône arrondi, contiguës, saillantes en dehors de leurs cavités cotyloïdes ; les médianes arrondies-globuleuses, séparées par une lame mésosternale étroite : les postérieures transversales sont environ 3 fois plus écartées que les intermédiaires.

Cuisses robustes. *Tibias* presque linéaires ; les antérieurs du ♂ à peine subsinués avant leur sommet interne et terminés par une très petite épine, à peine distincte au milieu de la pubescence. *Tarses* ayant leurs 2 premiers articles inégaux (le 2e plus court que le 1er) ; le 3e égale les 2 précédents réunis ; le métatarse antérieur est un peu dilaté et cilié chez le ♂. *Ongles* simples.

HABITAT. Diverses régions de notre territoire ont déjà été signalées comme nourrissant cet insecte. A Saint-Germain-en-Laye, il a été capturé sur une fleur. M. Tappes l'a pris dans le département du Cher, sur le serpolet. M. Rey l'a obtenu en nombre, à Collioure (Pyrénées-Orientales), en battant des chardons desséchés ; il l'a rencontré aussi à Cluny (Saône-et-Loire), sur le *Verbascum thapsus*. On le trouve également à Lyon et dans plusieurs localités environnantes. J'en ai vu des exemplaires recueillis par M. Guillebeau à Laupen (Suisse). Il est connu d'Espagne (Madrid) et d'Allemagne (Francfort-sur-le-Mein ; Bohême et Moravie). Il est probable que son aire de diffusion est encore plus étendue, et que de nouvelles recherches amèneront sa découverte dans d'autres pays.

Obs. Distincte de la *C. saginata* par son corselet sensiblement moins large que les élytres, la *C. obscura* se rattache aux *C. serrata* et *Clairi* par les liens d'une étroite affinité. Comme ces deux dernières espèces, elle a les yeux contigus ou à peu près au bord antérieur du corselet, dépourvus de tempes tuberculiformes, et l'aspect général du corps, quoique moins convexe, rappelle évidemment le groupe actuel. Au point de vue de la coloration, la *C. obscura* est la contre-partie de la *serrata ;* chez celle-ci, la partie antérieure est normalement rufescente, et les élytres d'un brun sombre, tandis que celle-là est d'un noir plus ou moins foncé, surtout en devant. — Ici, la pubescence paraît plus fine, plus obscure ; les élytres sont plus longues, plus parallèles, et un peu déprimées, et les points des intervalles sont de force égale à ceux des stries ; le métasternum est un peu plus long que celui de la *serrata ;* la fossette médiane antébasilaire du pronotum, quoique parfois assez profonde, est d'ordinaire peu marquée ; enfin les caractères sexuels du 5e arceau ventral sont différents.

La *C. fenestralis*, qui a également la tête dépourvue de tempes distinctes et le corselet notablement plus étroit que les élytres, appartient au neuvième groupe, et se distingue de suite par sa coloration générale plus claire, par la surface du corps autrement sculptée, par la pubescence qui est plus rare, etc.

Quelques auteurs regardent la *C. foveola* Thomson (Skand. Coleopt., v. pag. 232, n. 10) comme probablement synonyme de l'espèce actuelle. Les expressions de la diagnose à propos de la fossette prothoracique « *basi fovea maxima impressa* » et celles qui concernent les intervalles des étuis « *interstitiis seriatim subtiliter punctulatis* » ne favorisent guère cette opinion.

La *C. depressa* Thomson (opusc. 386), que M. H. Brisout de Barneville cite avec doute en synonymie, = *C. Mannerheimi* Reitter, comme il a pu le constater depuis par l'examen d'un type. L'indication du Ve volume des *Skand. Coleopt.* est erronée ; il ne s'y rencontre aucune espèce de ce nom.

7e GROUPE.

Contrairement à ce qui a lieu dans le groupe précédent, nous retrouvons ici, comme chez la plupart des *Corticaria*, des tempes distinctes après les yeux en forme de saillie tuberculeuse. Le corps est plus ou moins sensiblement déprimé, couvert d'une pubescence courte et couchée, plus ou moins rare ; le corselet est cordiforme ou subcordiforme, avec sa plus grande largeur ordinairement avant leur milieu, plus étroit à la base que les élytres, à fossette antéscutellaire presque toujours bien marquée ; le 5e arceau ventral est orné de fossettes ou dépressions légères, au moins dans l'un des sexes.— Quatre espèces représentent cette subdivision sur notre territoire.

14. **Corticaria longicollis**, ZETTERSTEDT.

Ovale allongée, convexiuscule, entièrement ferrugineuse ou d'un roux testacé ; couverte d'une très fine et courte pubescence couchée. 7e et 8e articles des antennes presque transverses, subarrondis ; le 2e article de la massue transversal. Tête à ponctuation assez serrée et subruguleuse, offrant après les yeux des tempes en saillie tuberculiforme. Corselet cordiforme, souvent plus long que large (parfois transverse, var. Weisi Reitter), arrondi sur les côtés un peu avant le milieu, et presque aussi large en cet endroit que les élytres à la base ; couvert d'une ponctuation ruguleuse assez forte et serrée ; bord latéral finement crénelé avec quelques denticules plus ou moins apparents en arrière ; une assez grande fossette arrondie au-devant de l'écusson. Elytres ovales, un peu convexes, visiblement arrondies sur le milieu des côtés, offrant 8 stries fortement et densément ponctuées avec les intervalles étroits, transversalement ruguleux et sérialement pointillés. Métasternum à peu près aussi long que le 1er segment abdominal, orné dans sa moitié postérieure d'une dépression fovéiforme, au milieu de laquelle on distingue une ligne longitudinale,

♂ *Tibias antérieurs* à peine sinués vers le sommet interne, armés d'une petite épine apicale. *Premier article* des tarses antérieurs un peu dilaté. 5e *arceau ventral* creusé d'une fossette subtransverse assez profonde, et suivi d'un 6e petit segment supplémentaire.

♀ *Tibias antérieurs* droits. *Premier article* des tarses antérieurs simple. *Abdomen* de 5 arceaux seulement ; le dernier à peu près plan.

Long., 0m0015 (2/3 lign.) ; — larg., 0m0006 (2/7 lign.).

Lathridius longicollis, Zetterstedt, Ins. Lapp. pag. 200, n. 11.
Corticaria longicollis, Thomson, Skand. Coleopt. V, pag. 230, n. 8. — Reitter. Stett. ent. Zeit. 1875, pag. 425. — H. Brisout de Barneville, Ann. Soc. ent. Fr. 1881, pag. 308, n. 24.
Lathridius formicetorum, Mannerheim, Bull. Mosc. 1843, I. pag. 85, n. 22.
Corticaria melanophthalma, Mannerheim, in Germ. Zeitschr. V, pag. 30, n. 17.
Corticaria Weisei, Reitter, Stett. ent. Zeit. 1875, pag. 426.

Corps en ovale allongé, brillant, un peu convexe, couvert d'une très fine et courte pubescence cendrée, couchée ; entièrement ferrugineux ou d'un roux testacé, sauf les yeux qui sont noirs.

Tête aussi longue que large, nettement transversale dans sa partie comprise entre les antennes et le bord antérieur du corselet, inclinée en avant, un peu plus étroite (y compris les yeux) que le prothorax dans sa plus grande largeur, offrant une ponctuation assez serrée et subrugu-leuse ; rétrécie en arrière et marquée d'un sillon postoculaire transverse. *Épistome* très rétréci à sa base par l'insertion antennaire, situé sur le même plan que le front, dont il est séparé par une suture en ligne presque droite, ordinairement très marquée. *Labre* court, arrondi aux angles antérieurs, et un peu émarginé en devant.

Antennes peu robustes, pubescentes, insérées en dessus à l'angle antérieur du front, un peu plus courtes que la tête et le corselet réunis, composées de 11 articles : le 1er fortement dilaté, allongé, subglobuleux ; le 2e en ovale allongé, plus mince et plus court que le précédent, mais un peu plus long et distinctement plus épais que le 3e ; celui-ci subcylindrique, plus long que large ; les suivants décroissant peu à peu de longueur ; les 7e et 8e presque transverses, subarrondis ; massue lâche, allongée, formée par les articles 9e à 11e, dont les deux premiers sont nettement dilatés-arrondis dès la base (le 10e transverse, un peu plus court que le 9e), et le dernier est ovalaire, sensiblement plus long que le précédent.

Yeux arrondis, proéminents, occupant plus de la moitié du bord latéral de la tête à partir de l'insertion antennaire, pourvus de tempes distinctes en forme de saillie tuberculeuse surmontée d'un bouquet de poils inclinés en avant.

Pronotum subcordiforme, ordinairement aussi long que large (parfois, var. *Weisei*, nettement transverse), coupé droit en avant et en arrière, arrondi sur les côtés un peu avant le milieu, avec les angles antérieurs obtus, émoussés, et les postérieurs obtus, formant saillie à peu près vis-à-vis de la 5e strie des élytres; côtés non marginés, ciliés, crénelés assez densément et finement, avec quelques denticules plus ou moins apparents vers la base ; la surface est couverte d'une ponctuation ruguleuse, assez forte et très serrée, et creusée d'une assez grande fossette ronde au-devant de la base.

Ecusson très apparent, transversal, assez distinctement sillonné en travers près de son sommet.

Élytres ovales, un peu convexes, évidemment plus larges que le corselet à la base, subarrondies aux angles huméraux, avec le calus à peine distinct ; offrant vers le milieu leur plus grande largeur qui est un peu supérieure à celle du pronotum ; s'arrondissant ensemble à l'extrémité ; profondément, assez fortement et densément ponctuées en 8 séries, avec les intervalles étroits, transversalement rugueux, finement et sérialement pointillés; repli épipleural médiocre, rétréci graduellement avec le contour de l'élytre, et réduit à une tranche vers le 5e arceau ventral.

Prosternum très obtus au-devant des hanches antérieures, rugueusement ponctué, creusé de chaque côté d'une fossette antécoxale plus ou moins pubescente.

Mésosternum plus court que le prosternum, ponctué comme lui, prolongé anguleusement entre les hanches intermédiaires presque jusqu'à lour extrémité, et à peine aussi large en cet endroit que le trochanter médian.

Métasternum à peu près aussi long que le 1er segment abdominal, couvert d'une ponctuation rugueuse assez forte, orné dans sa moitié postérieure d'une dépression fovéiforme plus ou moins nette, au milieu de laquelle on distingue ordinairement une ligne longitudinale, subtronqué ou subémarginé en angle très obtus entre les hanches postérieures.

Abdomen de 5 segments : le 1er égalant presque les 3 suivants réunis, éparsement et presque obsolètement pointillé, s'avançant en lame intercoxale subtronquée au bout; les 2e à 4e arceaux courts, subégaux ; le 5e un peu plus long que le précédent, à peu près plan chez la ♀ ; creusé chez le ♂ d'une fossette subtransverse assez profonde, et suivi d'un 6e petit segment additionnel.

Hanches antérieures arrondies-subconiques, contiguës, saillantes en dehors de leurs cavités cotyloïdes ; les médianes arrondies-globuleuses, séparées par une lame mésosternale assez étroite ; les postérieures transversales sont au moins 3 fois plus écartées que les intermédiaires.

Cuisses assez robustes. *Tibias* presque linéaires ; les antérieurs droits dans la ♀, à peine sinués intérieurement vers le sommet chez le ♂ et ornés d'une petite épine apicale. *Tarses* ayant leurs 2 premiers articles inégaux (le 2e plus court que le 1er) ; le 3e égale les 2 précédents réunis ; chez le ♂ le 1er article des antérieurs est un peu dilaté. *Ongles* simples.

Habitat. Découverte en Laponie par Zetterstedt, cette espèce habite la Russie et l'Allemagne (Bohême, Hongrie, etc.). M. Guillebeau l'a prise à Laupen, dans le canton de Berne. Quoiqu'elle se rencontre en diverses régions de notre territoire (environs de Paris et de Lyon, Vosges, Pyrénées, etc.), elle semble néanmoins être rare partout. Si on la trouve parfois dans les détritus et en battant des fagots, elle vit aussi sous les écorces de sapins, en compagnie de la *Formica rufa*.

Obs. Je ne trouve pas que l'espèce actuelle ait beaucoup de ressemblance avec la *serrata*, à laquelle néanmoins tous les auteurs la comparent. Du reste, elle en diffère essentiellement par les caractères du groupe dont elle fait partie et surtout par la présence de tempes distinctes. Son faciès rappellerait davantage, sous une taille moitié plus petite, celui de la *fulva ;* mais elle ne possède point la pubescence caractéristique de cette dernière, et la sculpture de ses étuis est très dissemblable.

La coloration uniforme d'un rouge ferrugineux plus ou moins clair est très constante et permet de la séparer au premier coup d'œil de la *Corsica*, chez laquelle le corps est d'un noir de poix avec les élytres ferrugineuses mais rembrunies à la région scutellaire et parfois aussi au sommet et sur les côtés. — La taille notablement plus petite, la dépression métasternale fovéiforme, les élytres un peu plus convexes et plus arrondies sur les côtés dans leur milieu la séparent suffisamment de la *C. Eppelsheimi*. — Elle serait beaucoup plus facile à confondre avec la *C. crenicollis ;* cependant la longueur ordinaire du corselet, la forme convexiuscule et plus ovale des étuis, en même temps que leur sculpture tout autre permettent de la discerner.

M. Reitter avait décrit d'abord comme espèce distincte un insecte recueilli aux environs de Prague, auquel il avait donné le nom de *Weisei*. Il a reconnu depuis (Bestimmungs-Tabellen III, pag. 25) que cette forme, caractérisée surtout par un corselet notablement transversal, devait être rattachée à la *C. longicollis*, à titre de simple variété (1).

15. Corticaria crenicollis, Mannerheim.

Ovale-allongée, très légèrement convexe, entièrement ferrugineuse ou d'un roux testacé, couverte d'une courte pubescence couchée. 7e et 8e articles des antennes presque transverses, subarrondis ; le 2e article de la massue transversal. Tête à ponctuation plus ou moins fine et peu serrée, offrant après les yeux des tempes tuberculiformes. Corselet subcordiforme, nettement transverse, un peu arrondi sur les côtés avant le milieu et aussi large en cet endroit que les élytres dans leur plus grande largeur, couvert d'une ponctuation serrée plus ou moins fine et subruguleuse; bord latéral plus ou moins crénelé avec les 3 ou 4 denticules postérieurs un peu plus aigus et écartés ; fossette antéscutellaire arrondie, ordinairement assez marquée. Elytres ovales, moins convexes, presque parallèles sur les côtés, offrant 8 séries de points fins assez serrés, avec les intervalles étroits plus ou moins ruguleux transversalement, à ponctuation sériale plus faible que celle des stries. Métasternum à peu près aussi long que le 1er segment abdominal, orné dans sa moitié postérieure d'une dépression fovéiforme.

♂ *Tibias antérieurs* presque droits vers leur sommet interne. *Premier article* des tarses antérieurs un peu dilaté. 5e *segment ventral* orné

(1) Une espèce, voisine mais distincte de celle de Zetterstedt, a été décrite par Mannerheim (in Germ. Zeitschr. V, pag. 43, n. 33); elle doit s'appeler *C. Mannerheimi* (Reitter, Stett. ent. Zeit., 1875, pag. 427). D'après les auteurs, elle est de couleur ferrugineuse; sa taille est moins petite (2 millim. environ); sa tête, à ponctuation fine et serrée, n'est pas beaucoup plus étroite que le corselet; celui-ci subtransverse, cordiforme, finement et éparsement ponctué est notablement moins large que les étuis ; la plus grande largeur des élytres est après le milieu, les épaules sont presque rectangulaires et le calus huméral bien marqué ; les intervalles des stries ne sont pas relevés. On l'indique d'Allemagne, de Suisse et de Transylvanie. Elle est rare, et je ne la connais pas en nature. — M. H. Brisout de Barneville dit qu'elle est très voisine de la *foveola* Beck : « Elle n'en diffère guère que par la présence d'une série de points plus fins dans les intervalles des stries. » — M. Reitter la rapproche davantage de la *C. interstitialis* Mannerheim, malgré l'aspect particulier que donne à cette dernière l'existence sur le corselet de 3 fossettes reliées par une légère impression transversale. L'examen des caractères sexuels fournirait sans doute d'utiles données pour la classification de ces diverses formes.

d'une fovéole transverse peu profonde, et suivi d'un 6e petit arceau supplémentaire.

♀ *Tibias antérieurs* droits. *Premier article* des tarses antérieurs simple. *Abdomen* de 5 arceaux seulement; le dernier plan ou à peine fovéolé.

Long., 0^m0015 (2/3 lign.); — larg., 0^m0006 (2/7 lign.).

Corticaria crenicollis, MANNERHEIM, in Germ. Zeitschr. V, pag. 37, n. 26. — REITTER, Bestimmungs-Tabellen, III, pag. 25.
Corticaria lacerata, MANNERHEIM, loc. cit., pag. 38, n. 27.
Corticaria fagi, WOLLASTON, Insect. Mader., 1854, pag. 188, n. 151. — H. BRISOUT DE BARNEVILLE, Ann. Soc. ent. Fr. 1881, pag. 401, n. 28.

Corps en ovale allongé, légèrement convexe, un peu brillant; couvert d'une pubescence fine et pâle, couchée; entièrement d'un roux testacé ou ferrugineux, sauf les yeux qui sont noirs.

Tête à peu près aussi longue que large, nettement transversale dans sa partie comprise entre les antennes et le bord antérieur du corselet, inclinée en avant, un peu plus étroite (y compris les yeux) que le pronotum dans sa plus grande largeur; offrant une ponctuation peu serrée, plus ou moins fine; rétrécie en arrière et marquée d'un sillon postoculaire transverse. *Epistome* très rétréci à sa base par l'insertion antennaire, situé sur le même plan que le front dont il est séparé par une suture en ligne droite, ordinairement très marquée. *Labre* court, transverse, arrondi aux angles antérieurs, subémarginé en devant.

Antennes peu robustes, pubescentes, insérées en dessus à l'angle antérieur du front, un peu plus courtes que la tête et le corselet réunis, composées de 11 articles: le 1er fortement dilaté, allongé, subglobuleux; le 2e en ovale allongé, plus mince et plus court que le précédent mais distinctement plus épais que ceux qui suivent, subégal au 3e; celui-ci subcylindrique et 2 fois plus long que large; les 4e à 8e décroissant peu à peu de longueur, de sorte que les 7e et 8e sont presque transverses, subarrondis; massue lâche, allongée, formée par les articles 9e à 11e, dont les 2 premiers sont nettement dilatés arrondis dès la base (le 10e transverse, un peu plus court que le 9e), et le dernier est ovalaire, sensiblement plus long que le précédent.

Yeux arrondis, proéminents, occupant plus de la moitié du bord latéral de la tête à partir de l'insertion antennaire, pourvus de tempes distinctes en forme de saillie tuberculeuse surmontée d'un bouquet de poils inclinés en avant.

Pronotum subcordiforme, nettement transversal, un peu arrondi sur les côtés avant le milieu et aussi large en cet endroit que les élytres dans leur plus grande largeur, coupé droit en avant et en arrière, avec les angles antérieurs arrondis, indistincts, et les postérieurs obtus offrant une petite saillie dentiforme vis-à-vis de la 5e strie des élytres; côtés non marginés, ciliés, crénelés avec les 3 ou 4 denticules postérieurs un peu plus aigus et un peu plus écartés; la surface est couverte d'une ponctuation serrée plus ou moins fine, subruguleuse, et creusée dans son milieu antébasilaire d'une petite fossette arrondie, ordinairement assez profonde.

Ecusson très apparent, transversal, assez distinctement sillonné en travers près de son sommet.

Élytres ovales, un peu convexes, presque parallèles sur les côtés, de même largeur environ que le corselet dans son tiers antérieur, subarrondies aux épaules avec le calus huméral à peine saillant, peu profondément striées-ponctuées en 8 séries de points fins assez serrés, avec les intervalles étroits, plus ou moins fortement ruguleux transversalement et pourvus d'une ponctuation sériale plus faible que celle des stries; repli épipleural médiocre, diminuant graduellement avec le contour de l'élytre, et réduit à une tranche vers le 4e arceau ventral.

Prosternum en angle obtus au-devant des hanches antérieures, presque rugueusement ponctué, creusé de chaque côté d'une fossette transverse antécoxale, plus ou moins pubescente.

Mésosternum un peu plus court que le prosternum, ponctué comme lui, prolongé anguleusement entre les hanches intermédiaires presque jusqu'à leur extrémité, et à peine aussi large en cet endroit que le trochanter médian.

Métasternum à peu près aussi long que le 1er segment abdominal, couvert d'une ponctuation assez fine et peu serrée au milieu d'un guillochis extrêmement fin et distinct seulement à un fort grossissement; orné plus ou moins sensiblement, dans sa moitié postérieure, d'une dépression fovéiforme paraissant un peu plus profonde antérieurement qu'à la base; émarginé en angle très obtus entre les hanches postérieures.

Abdomen de 5 segments à ponctuation éparse, très fine et presque oblitérée : le 1er égalant environ les 3 suivants réunis, avancé en lame intercoxale en pointe arrondie; les 2e à 4e arceaux courts, subégaux ; le 5e un peu plus long que le précédent, plan ou à peine fovéolé chez la ♀ ; orné chez le ♂ d'une petite fovéole transverse et suivi d'un 6e segment supplémentaire très petit.

Hanches antérieures arrondies-subconiques, contiguës, un peu saillantes en dehors de leurs cavités cotyloïdes ; les médianes arrondies, globuleuses, séparées par une lame mésosternale assez étroite ; les postérieures transversales sont 3 fois au moins plus écartées que les intermédiaires.

Cuisses assez robustes. *Tibias* presque linéaires; les antérieurs presque droits dans le ♂. *Tarses* ayant leurs 2 premiers articles inégaux (le 2e un peu plus court) ; le 3e égale les 2 précédents réunis ; chez le ♂, le métatarse antérieur est légèrement dilaté. *Ongles* simples.

Habitat. Mannerheim a décrit sa *C. crenicollis* d'après des individus provenant de Finlande et de France. Wollaston l'a trouvée à Madère, et M. H. Brisout de Barneville en Espagne. M. Reitter l'indique de Silésie. J'en ai vu des échantillons capturés à Paris sous des écorces ou en secouant des fagots, et d'autres provenant de la France méridionale (Landes). M. Saunders me l'a envoyée d'Angleterre.

Obs. L'interprétation et la synonymie de cette espèce ne sont pas absolument certaines, si l'on doit en juger uniquement d'après les descriptions des auteurs. Quoique plusieurs des termes employés par Mannerheim pour caractériser les 2 formes vraisemblablement identiques qu'il appelle *crenicollis* et *lacerata* paraissent peu applicables aux insectes que nous avons sous les yeux, il serait hors de propos d'attacher trop d'importance à un fait, qui tient sans doute à une variabilité tant de fois constatée et souvent impossible à exprimer d'une manière précise. Je crois donc que M. Reitter a eu raison de ne point se laisser arrêter par cette objection et d'adopter, pour désigner l'espèce actuelle, le nom donné par Mannerheim et inapplicable à toute autre espèce française.

Wollaston a décrit dans ses *Insecta Maderensia* (pag. 185, n. 147), une *C. crenicollis :* on pourrait la rapporter à celle de Mannerheim, sauf la taille indiquée (1 ligne), qui ne saurait convenir à notre insecte.

Un corselet toujours fortement transversal, aussi large avant le milieu que les étuis dans leur plus grande largeur, la convexité médiocre des élytres jointe à une forme un peu plus parallèle et à une sculpture plus fine caractérisent l'espèce actuelle et la distinguent de la *longicollis*, avec laquelle elle a une très étroite affinité. — Elle s'éloigne davantage de la

C. Eppelsheimi, dont la taille est plus avantageuse et dont le métasternum est orné d'un simple sillon en forme de trait.

16. Corticaria Eppelsheimi, Reitter.

Ovale allongée, un peu déprimée, d'un roux ferrugineux uniforme ; couverte d'une courte pubescence couchée. 5e *à* 8e *articles des antennes à peine plus longs que larges. Tête à ponctuation fine et serrée, offrant après les yeux des tempes distinctes. Corselet à peine plus large que long, subcordiforme, un peu arrondi sur les côtés avant le milieu et presque aussi large en cet endroit que les élytres ; couvert d'une ponctuation fine, assez serrée ; bord latéral crénelé-denticulé (les denticules plus distincts vers la base); une fossette arrondie assez profonde au-devant de l'écusson. Élytres allongées, subdéprimées, presque parallèles, offrant* 8 *séries assez fines de points serrés, avec les intervalles étroits, transversalement subruguleux, à ponctuation sériale plus fine que celle des stries. Métasternum égalant le* 1er *arceau ventral, orné dans sa moitié postérieure d'un sillon longitudinal en forme de trait.*

♂ *Premier article* des tarses antérieurs un peu dilaté. 5e *arceau ventral* marqué d'une légère dépression peu distincte, suivi d'un 6e petit segment supplémentaire.

♀ *Premier article* des tarses antérieurs simple. *Abdomen* de 5 arceaux seulement ; le dernier orné d'une fossette bien visible.

Long., 0m0018 (4/5 lign.); — larg., 0m0006 (2/7 lign.).

Corticaria Eppelsheimi, Reitter, Stett. ent. Zeit. 1875, pag. 423. — H. Brisout de Barneville, Ann. Soc. ent. Fr. 1881, pag. 304, n 17.

Corps en ovale allongé, un peu déprimé, un peu brillant, d'un roux ferrugineux uniforme ; couvert d'une fine pubescence pâle, courte et couchée.

Tête à peu près aussi longue que large, nettement transversale dans sa partie comprise entre les antennes et le bord antérieur du corselet, inclinée en avant, un peu plus étroite (y compris les yeux) que le prothorax dans sa plus grande largeur ; offrant une ponctuation fine et serrée, et marquée d'un sillon postoculaire transverse. *Epistome* très rétréci à sa base par l'insertion antennaire, situé sur le même plan que le front, dont il est séparé par une suture à peu près droite, bien distincte. *Labre* court, dilaté-arrondi aux angles antérieurs, un peu émarginé en devant.

Antennes peu robustes, pubescentes, insérées en dessus à l'angle antérieur du front, plus courtes que la tête et le corselet réunis ; composées de 11 articles : le 1ᵉʳ fortement dilaté, allongé, subglobuleux ; le 2ᵉ en ovale allongé, un peu plus mince et plus court que le précédent, subégal au 3ᵉ, mais distinctement plus épais que lui ; le 3ᵉ subcylindrique, allongé ; les suivants décroissant de longueur, de sorte que les 5ᵉ à 8ᵉ sont à peine plus longs que larges ; les 9ᵉ à 11ᵉ formant une massue lâche, allongée, dont les 2 premiers articles sont transverses, très dilatés dès la base, et le dernier est plus long et plus large que chacun des précédents.

Yeux arrondis, proéminents, occupant plus de la moitié du bord latéral de la tête à partir de l'insertion antennaire, pourvus de tempes distinctes en forme de saillie tuberculeuse, surmontée d'un bouquet de poils inclinés en avant.

Pronotum légèrement transversal, subcordiforme, presque aussi large que les élytres dans sa plus grande largeur, coupé droit en avant et en arrière, un peu arrondi latéralement avant le milieu, avec les angles antérieurs indistincts, un peu plus rétréci vers la base, avec les angles postérieurs obtus, formant saillie vis-à-vis de la 5ᵉ strie des élytres ; côtés non marginés, ciliés, crénelés et aigûment denticulés (les denticules plus distincts vers la base) ; la surface est couverte d'une ponctuation fine, assez serrée, et creusée au milieu antébasilaire d'une fossette arrondie, assez profonde.

Ecusson très apparent, transversal, distinctement sillonné en travers près de son sommet.

Elytres en ovale allongé, subdéprimées, presque parallèles, nettement plus larges que le prothorax à sa base, à peine arrondies aux angles huméraux avec le calus assez saillant, plus ou moins finement striées-ponctuées en 8 séries, dont les points sont serrés, assez réguliers, avec les intervalles étroits, transversalement et finement subruguleux, pointillés en séries un peu plus finement que les stries ; repli épipleural médiocre, rétréci graduellement avec le contour de l'élytre, réduit à une tranche vers le 5ᵉ arceau ventral.

Prosternum en angle très obtus au-devant des hanches antérieures, rugueusement et densément ponctué, creusé de chaque côté d'une fossette antécoxale en ovale transverse à peine pubescente.

Mésosternum un peu plus court que le prosternum, ponctué rugueusement comme lui, prolongé anguleusement entre les hanches intermédiaires jusque vers l'extrémité de celles-ci et aussi large en cet endroit que le trochanter médian.

Métasternum aussi long que le 1er arceau ventral, à ponctuation rugueuse, assez serrée, peu profonde; orné, dans sa moitié postérieure au moins, d'une dépression longitudinale sulciforme, au milieu de laquelle on distingue une ligne imprimée; subarcuément émarginé entre les hanches postérieures.

Abdomen de 5 segments : le 1er à ponctuation éparse, un peu plus fine, superficielle, égalant presque les 3 suivants réunis et s'avançant en lame intercoxale subarrondie au sommet; les 2e à 4e arceaux courts, subégaux; le 5e est un peu plus long que le précédent; il est orné d'une fossette bien visible chez la ♀; il offre chez le ♂ une dépression légère peu distincte, et il est suivi d'un 6e petit segment supplémentaire.

Hanches antérieures en cône arrondi, contiguës, saillantes en dehors de leurs cavités cotyloïdes; les médianes arrondies, globuleuses, séparées par une lame mésosternale médiocre; les postérieures transversales sont environ 3 fois plus écartées que les intermédiaires.

Cuisses robustes. *Tibias* linéaires; les antérieurs droits dans les 2 sexes. *Tarses* ayant les 2 premiers articles inégaux (le 2e plus court que le 1er); le 3e égale les 2 précédents réunis; le métatarse antérieur est un peu dilaté chez le ♂. *Ongles* simples.

Habitat. Découverte en Styrie, cette espèce, qui est peut-être identique à la *C. lateritia* Mannerheim (in Germ. Zeitsch., v. pag. 44, n. 34) habite, non seulement l'Allemagne, mais la France. Cependant elle paraît y être fort rare. En dehors d'un type que M. Brisout de Barneville a bien voulu me communiquer, j'en ai vu uniquement quelques échantillons capturés en Corse par M. E. Revelière. Elle est signalée des Hautes-Pyrénées et de Saint-Germain-en-Laye, où on la trouve sous les écorces de peuplier, de chêne et de hêtre.

Obs. La taille plus avantageuse et la forme du sillon métasternal distinguent la *C. Eppelsheimi* des 2 espèces précédentes. Si on la compare à la *C. longicollis*, elle paraît aussi un peu plus aplatie, et ses élytres sont plus parallèles et diversement sculptées.

L'auteur qui l'a fait connaître pour la première fois la dit voisine de l'*impressa ;* mais il n'est pas possible de s'y méprendre, à cause de la coloration et de la sculpture qui sont fort différentes ; de plus, la convexité des élytres est ici beaucoup plus faible, et surtout les antennes n'ont point la même conformation.

On pourrait la rapprocher de la *C. bella* du groupe suivant, avec laquelle elle présente une certaine ressemblance de faciès. Toutefois, sans nous occuper des détails de moindre importance qui la distinguent, il suffit de faire attention aux caractères sexuels empruntés au 5e segment ventral, pour qu'il soit impossible d'hésiter sur la détermination spécifique.

17. Corticaria corsica, H. Brisout de Barneville.

Allongée, étroite, subdéprimée ; d'un noir de poix, avec les antennes et les pattes ferrugineuses, ainsi que les élytres (celles-ci ordinairement rembrunies à la région scutellaire, et parfois au sommet et sur les côtés) ; couverte d'une pubescence courte et couchée. 8e *article des antennes subglobuleux. Tête à ponctuation assez forte et serrée, pourvue de tempes sous forme d'étroit bourrelet. Corselet subcordiforme, presque aussi long que large, arrondi sur les côtés avant le milieu et presque aussi large en cet endroit que les élytres ; couvert d'une ponctuation forte et serrée ; bord latéral crénelé-denticulé, plus fortement vers la base ; fossette anté-scutellaire ovale, assez profonde. Élytres allongées, subparallèles, offrant* 8 *séries de points assez forts et serrés, avec les intervalles plans, à ponctuation sériale ordinairement un peu plus fine que celle des stries. Métasternum subégal au* 1er *arceau de l'abdomen, orné dans sa moitié postérieure d'une impression longitudinale assez large.*

♂ *Premier article* des tarses antérieurs un peu dilaté. Un 6e petit arceau ventral supplémentaire (1).

♀ *Tibias antérieurs* droits. *Premier article* des tarses antérieurs simple. *Abdomen* de 5 arceaux seulement ; le dernier plan, non fovéolé.

Long., 0m0016 à 0m002 (3/4 à 7/8 lign.) ; — larg., 0m0007 à 0m0008 (1/3 à 3/10 lign.)

(1) J'emprunte ces caractères aux auteurs ; car je n'ai vu que des exemplaires ♀, et j'ignore si les ♂ ont aussi les tibias antérieurs droits et le 5e arceau ventral plan.

Corticaria corsica, H. Brisout de Barneville, Ann. Soc. Ent. Fr. 1878, Bulletin, pag. 96. — Reitter, Bestimmungs-Tabellen, III, pag. 24.

Corps allongé, étroit, peu convexe, couvert d'une fine pubescence, courte et couchée; d'un noir de poix avec les antennes et les pattes ferrugineuses, ainsi que les élytres qui sont ordinairement rembrunies à la région circascutellaire, et parfois aussi au sommet et sur les bords latéraux ; rarement les élytres sont entièrement noires.

Tête à peu près aussi longue que large, nettement transversale dans sa partie comprise entre les antennes et le bord antérieur prothoracique, inclinée en avant, plus étroite (y compris les yeux) que le pronotum dans sa plus grande largeur; offrant une ponctuation assez forte et serrée, cependant un peu moins que celle du corselet; rétrécie en arrière et marquée d'un sillon postoculaire transverse. *Épistome* très rétréci à la base par l'insertion antennaire, situé sur le même plan que le front, dont il est séparé par une suture ordinairement bien distincte. *Labre* court, très faiblement dilaté-arrondi à ses angles antérieurs, à peine émarginé en devant.

Antennes peu robustes, pubescentes, insérées en dessus à l'angle antérieur du front, plus courtes que la tête et le corselet réunis, composées de 11 articles : le 1er fortement dilaté, allongé, subglobuleux ; le 2e à peine plus court que le suivant, subovalaire, beaucoup plus mince que le 1er, mais encore plus épais que ceux du funicule ; les 3e à 8e subcylindriques, décroissant peu à peu de longueur; les 6e et 7e à peine plus longs que larges ; le 8e subglobuleux ; massue lâche, allongée, formée par les articles 9e à 11e, dont les 2 premiers sont fortement dilatés dès la base, courts, subégaux, et le dernier est ovalaire et sensiblement plus allongé que le précédent.

Yeux arrondis, proéminents, occupant plus de la moitié du bord latéral de la tête à partir de l'insertion antennaire, pourvus de tempes distinctes sous forme d'un étroit bourrelet surmonté d'un bouquet de poils.

Pronotum subcordiforme, à peu près aussi long que large, coupé droit en avant et en arrière, dilaté-arrondi latéralement un peu avant le milieu, avec les angles antérieurs émoussés indistincts, et les postérieurs obtus, aboutissant vers la 5e strie des élytres; côtés non marginés, ciliés, munis de denticules aigus, plus forts vers la base ; la surface est densément et fortement ponctuée, avec une fossette antébasilaire ovale, assez profonde.

Ecusson très apparent, transversal, assez distinctement sillonné en travers près de son sommet.

Elytres ovales, à peine convexes, plus larges que le corselet à sa base, subarrondies aux angles antérieurs, avec le calus huméral légèrement saillant, s'arrondissant à peu près ensemble à l'extrémité, finement et densément striées-ponctuées en 8 séries, avec les interstries plans et pourvus d'une ponctuation sériale ordinairement un peu plus fine que celle des stries ; repli épipleural médiocre, rétréci graduellement avec le contour de l'élytre, et réduit à une tranche vers le 4e arceau ventral.

Prosternum en angle très obtus au-devant des hanches antérieures, rugueusement ponctué, avec une fossette antécoxale, non ou à peine pubescente, creusée transversalement de chaque côté.

Mésosternum plus court que le prosternum, rugueusement ponctué comme lui, prolongé anguleusement entre les hanches intermédiaires presque jusqu'à leur extrémité, à peine aussi large en cet endroit que le trochanter médian.

Métasternum à peu près aussi long que le 1er arceau de l'abdomen, à ponctuation moins forte et plus écartée que celle des segments précédents ; orné dans sa moitié postérieure d'une impression longitudinale souvent bien marquée, assez large, avec une ligne médiane ; faiblement émarginé en angle très obtus entre les hanches postérieures, parfois incisé au milieu.

Abdomen de 5 segments : le 1er s'avançant en pointe subarrondie entre les hanches postérieures, égalant environ les 3 suivants réunis, à ponctuation fine, éparse, presque oblitérée ; les 2e à 4e à peu près imponctués, courts, subégaux ; le 5e est plus long que le précédent, plan dans la ♀ ; suivi chez le ♂ d'un 6e petit segment supplémentaire.

Hanches antérieures en cône arrondi, contiguës, saillantes en dehors de leurs cavités cotyloïdes ; les médianes arrondies, globuleuses, séparées par une lame mésosternale assez étroite ; les postérieures transversales sont au moins 3 fois plus écartées que les intermédiaires.

Cuisses assez robustes. *Tibias* presque linéaires ; les antérieurs droits dans la ♀. *Tarses* ayant leurs 2 premiers articles inégaux (le 2e un peu plus court) ; le 3e égale les 2 précédents réunis ; le métatarse antérieur du ♂ est faiblement dilaté. *Ongles* simples.

Habitat. Découverte à Conca (Corse) par M. Damry, et à Portovecchio par M. E. Revelière sur le chêne-liège, la *C. corsica* n'est pas uniquement insulaire. J'en ai vu des exemplaires recueillis très probablement en Algérie par mon cousin A. Raffray. M. H. Brisout de Barneville l'a signalée de France méridionale (Tarbes), et du nord de l'Afrique (Bône). Un échantillon de ma collection provient de Mésopotamie (environs de Mossoul).

Obs. La coloration particulière de cette espèce, qui paraît assez constante et la fait reconnaître de suite parmi ses congénères du 7e groupe, rappelle certaines variétés de l'*impressa ;* mais ses antennes courtes et la proportion différente de leurs articles, sa forme notablement moins convexe, les denticulations prothoraciques très nettes, etc., l'en distinguent au premier coup d'œil. On ne saurait la confondre avec la *C. serrata*, chez laquelle la tête n'offre point de tempes distinctes après les yeux, les élytres sont plus fortement striées-ponctuées et bien moins déprimées, et le système de coloration est diamétralement opposé.

8e GROUPE.

Deux espèces, très remarquables par les caractères sexuels du 5e arceau ventral surtout chez le ♂, constituent ce petit groupe: elles sont de taille avantageuse, leur pubescence est rare et courte sur des élytres plus ou moins déprimées.

18. Corticaria bella, Redtenbacher.

Allongée, subdéprimée, entièrement ferrugineuse avec les antennes et les pattes à peine plus pâles ; parfois le bord latéral des élytres ou même leur disque (sauf les épaules) plus ou moins rembruni, avec la page inférieure du corps et les cuisses d'un brun noir ; couverte d'une courte pubescence couchée. 5e à 8e *article des antennes à peine aussi longs que larges. Tête à ponctuation fine, plus ou moins serrée ; pourvue de tempes tuberculiformes. Corselet subcordiforme, aussi long que large, assez fortement arrondi sur les côtés avant le milieu, un peu moins large en cet endroit que les élytres ; couvert d'une ponctuation fine, assez serrée ; bord latéral finement crénelé avec les 4 derniers denticules un peu plus aigus et écartés ; une fossette arrondie plus ou moins profonde au-devant de l'écusson. Élytres en ovale allongé, assez déprimées sur le disque, offrant* 8 *séries assez fortes de points, avec les intervalles médiocres, à peine ru-*

guleux, sérialement pointillés. Métasternum égalant le 1er arceau ventral, orné dans sa moitié postérieure d'une dépression plus ou moins large, avec une ligne longitudinale au milieu.

♂ *Tibias antérieurs* presque droits, terminés par une petite épine. *Premier article* des tarses antérieurs un peu dilaté. 5e *arceau ventral* orné d'une forte dépression semi-circulaire, et suivi d'un 6e petit segment additionnel.

♀ *Tibias antérieurs* droits. *Premier article* des tarses antérieurs simple. *Abdomen* de 5 arceaux seulement; le dernier creusé d'une petite fossette oblongue.

Long., 0m002 (7/8 lign.); — larg., 0m0007 (1/3 lign.).

Corticaria bella, REDTENBACHER, Faun. austr. (2e édit.) pag. 386; (3e édit.) pag. 421. — REITTER, Stett. ent Zeit. 1875, pag. 427. — H. BRISOUT DE BARNEVILLE, Ann. Soc. ent. Fr. 1881, pag. 393, n. 16.

Corps en ovale allongé, subdéprimé, un peu brillant, couvert d'une courte pubescence cendrée, fine et couchée; ordinairement ferrugineux en entier avec les antennes et les pattes à peine plus pâles; parfois le bord latéral des élytres, ou même leur disque (sauf les épaules rufescentes), rembrunies, avec la partie inférieure du corps et les cuisses d'un brun noir.

Tête environ aussi longue que large, nettement transversale dans sa partie comprise entre les antennes et le bord antérieur du corselet, inclinée en avant, un peu plus étroite (y compris les yeux) que le prothorax dans sa plus grande largeur; offrant une ponctuation fine, plus ou moins serrée et marquée d'un sillon postoculaire transverse. *Épistome* très rétréci à sa base par l'insertion antennaire, situé sur le même plan que le front, dont il est séparé par une suture à peu près droite et assez distincte. *Labre* court, arrondi aux angles antérieurs, un peu émarginé en devant.

Antennes peu robustes, pubescentes, insérées en dessus à l'angle antérieur du front, plus courtes que la tête et le corselet réunis, composées de 11 articles: le 1er fortement dilaté, allongé, subglobuleux; le 2e en ovale allongé, un peu plus mince et plus court que le précédent, mais subégal au 3e et distinctement plus épais que lui; le 3e subcylindrique allongé; les suivants serrés, décroissant rapidement de longueur, de sorte que les 5e à 8e sont à peine aussi longs que larges; les 9e à 11e formant une massue lâche, allongée, dont les 2 premiers articles sont fortement dilatés dès la base, subégaux, transverses, et le dernier est ovalaire, sensiblement plus long que le précédent.

Yeux arrondis, proéminents, occupant plus de la moitié du bord latéral de la tête à partir de l'insertion antennaire, pourvus de tempes distinctes en forme de saillie tuberculeuse surmontée d'un bouquet de poils inclinés en avant.

Pronotum subcordiforme, aussi long que large, coupé droit en avant et en arrière, assez fortement arrondi avant le milieu, avec les angles antérieurs à peu près indistincts, un peu plus rétrécis vers la base avec les angles postérieurs obtus, formant saillie environ entre la 4e et la 5e strie des élytres; côtés non marginés, ciliés, finement crénelés avec les 4 derniers denticules un peu plus aigus et écartés; la surface est couverte d'une ponctuation fine, assez serrée, et creusée au milieu anté-basilaire d'une fossette arrondie assez profonde.

Écusson très apparent, transversal, assez distinctement sillonné en travers près de son sommet.

Élytres en ovale allongé, presque planes, subparallèles, nettement plus larges que le prothorax à sa base, à peine arrondies aux angles huméraux avec le calus assez marqué; d'ordinaire, assez fortement et également striées-ponctuées en 8 séries, avec les intervalles médiocres, à peine visiblement ruguleux ; à ponctuation sériale beaucoup plus fine que celle des stries; repli épipleural étroit, rétréci graduellement avec le contour de l'élytre, et réduit à une tranche vers le 4e arceau ventral.

Prosternum en angle très obtus au-devant des hanches antérieures, couvert d'une ponctuation plus ou moins écartée, creusé de chaque côté d'une fossette antécoxale en ovale transverse, à peine pubescente.

Mésosternum à peu près de même longueur que le prosternum, ponctué comme lui, anguleusement prolongé entre les hanches intermédiaires presque vers leur extrémité, environ aussi larges en cet endroit que le trochanter médian.

Métasternum aussi long que le 1er segment abdominal, à ponctuation presque obsolète; orné dans sa moitié postérieure d'une dépression plus ou moins large, au milieu de laquelle on distingue une ligne longitudinale; subémarginé en angle très obtus ou subarcuément entre les hanches postérieures.

Abdomen de 5 segments : le 1er égalant presque les 3 suivants réunis, obsolètement pointillé, s'avançant en lame intercoxale subarrondie au bout; les 2e à 4e arceaux courts, subégaux ; le 5e un peu plus lon gque le précédent, orné au milieu chez la ♀ d'une petite fossette oblongue, et chez le ♂ d'une dépression semi-circulaire, suivi dans ce dernier sexe d'un 6e segment supplémentaire très petit.

Hanches antérieures arrondies, contiguës, saillantes en dehors de leurs cavités cotyloïdes ; les médianes arrondies globuleuses, séparées par une lame mésosternale assez étroite ; les postérieures transversales sont au moins 3 fois plus écartées que les intermédiaires.

Cuisses robustes. *Tibias* presque linéaires ; les antérieurs presque droits chez le ♂ et terminés par une petite épine. *Tarses* ayant leurs 2 premiers articles inégaux (le 2e plus court) ; le 3e égale les 2 précédents réunis ; le métatarse antérieur est un peu dilaté chez le ♂. *Ongles* simples.

Habitat. La *C. bella* est fort rare. Toutefois elle ne vit pas exclusivement en Allemagne ; car M. H. Brisout de Barneville dit qu'elle se trouve à Paris, à Saint-Germain-en-Laye, à Fontainebleau et à Compiègne, sous les écorces de chêne et de hêtre, dans le bois décomposé, et M. Guillebeau en a découvert quelques échantillons sur un chêne mort, au Plantay (Ain). Ce sont, avec un type obligeamment communiqué par M. H. Brisout de Barneville, les seuls que j'aie vus dans les collections soumises à mon examen.

Obs. Cette jolie espèce, quoique sensiblement déprimée sur le disque des étuis, l'est cependant beaucoup moins que la *C. cucujiformis* ; elle se distingue en outre de celle-ci par la présence de tempes tuberculiformes en arrière des yeux, par sa couleur, par la contiguité de ses hanches antérieures, par la longueur moindre du sillon métasternal, etc. — J'ai dit plus haut qu'elle est voisine de la C. *Eppelsheimi*, et qu'elle en diffère surtout par le caractère sexuel du 5e arceau ventral, chez le ♂.

Elle doit également ressembler beaucoup à plusieurs espèces de la faune européenne qui me sont inconnues, telles que la *C. interstitialis* Mannerheim (in Germ. Zeitschr. V, pag. 21, n. 5), la *C. Mannerheimi* Reitter (Stett. ent. Zeit., 1875, pag. 427), = *longicollis* Mannerheim (in Germ. Zeitschr. V, pag. 43, n. 33), la *C. linearis* Paykull (Faun. Suec., I, pag. 302, n. 33), et la *C. foveola* Beck (Beitr. z. baier. Ins., pag. 14, n. 14 ; pl. 3, fig. 14) = *amplipennis* Reitter (Stett. ent. Zeit., 1875, pag. 424, dont le nom préoccupé (1) a été ensuite changé en celui de *dilatipennis*

(1) Motschulsky avait décrit sous ce nom dans le Bulletin de Moscou (1867, I, pag. 91), un insecte recueilli à l'isthme de Panama.

Reitter (Deutsche ent. Zeitschr. 1878, I, pag. 96). — J'ignore quels sont les caractères sexuels de ces quatre espèces, et si elles doivent rentrer dans le groupe actuel. D'après les *Bestimmungs-Tabellen* (III, pag. 23 et 24), elles se distingueraient de la *bella* principalement en ce que leur corselet, dans sa plus grande largeur, serait toujours notablement plus étroit que les élytres.

Une communication épistolaire de M. H. Brisout de Barneville me permet néanmoins d'ajouter que trois des espèces nommées tout à l'heure ne seraient en réalité que des variations d'un seul et même type. La *C. Mannerheimi* Reitter appartiendrait à la *C. foveola* Beck, dont elle ne diffère guère que par la ponctuation des interstries ; il est facile en effet de constater par l'examen de plusieurs individus capturés ensemble que ce caractère n'a pas une valeur absolue et qu'on trouve des passages entre les points aussi forts et les points plus fins que ceux des stries. D'autre part, la *C. interstitialis* Mannerh., caractérisée par la présence de trois fossettes sur le prothorax, serait à ce titre une simple variété de la *C. foveola*, comme nous verrons plus loin que la *Melanophthalma 3 foveolata* Redt. est une variation similaire de la *M. fuscula*.

19. Corticaria cucujiformis, Reitter.

Allongée, fortement déprimée, ordinairement d'un noir brun ou d'un brun ferrugineux, avec les antennes, les pattes et le corselet d'un roux ferrugineux vif (parfois entièrement de cette dernière couleur), presque glabre, ou à pubescence couchée, rare et très courte. 8e article des antennes globuleux, subtransverse. Tête à ponctuation éparse très fine, à peu près dépourvue de tempes distinctes, ou du moins tempes non tuberculeuses. Corselet cordiforme, presque transverse, arrondi sur les côtés avant le milieu et un peu moins large en cet endroit que les élytres ; finement et éparsement ponctué; bord latéral finement crénelé avec les 3 denticules postérieurs plus aigus et plus distincts ; une fossette profonde et bien marquée au-devant de l'écusson. Élytres presque parallèles à épaules subrectangulaires, 2 fois plus larges que la base du corselet, offrant 8 séries de points assez fins, avec les intervalles pointillés presque aussi serré et à peine plus finement que les stries. Hanches antérieures subcontiguës. Métasternum un peu plus long que le 1er arceau ventral, orné dans ses deux tiers postérieurs d'une impression longitudinale sulciforme. Tibias antérieurs droits dans les 2 sexes.

♂ *Premier article* des tarses antérieurs dilaté, un peu pubescent. 5e *arceau ventral* à peine plus long que le précédent, assez profondément creusé d'une dépression transversale en arc de cercle, et suivi d'un 6e petit segment supplémentaire.

♀ *Premier article* des tarses antérieurs simple. *Abdomen* de 5 arceaux seulement; le dernier un peu plus long que le 4e, et creusé dans son milieu d'une fossette arrondie assez profonde.

Long., 0m0022 (1 lign.); — larg., 0m0009 (2/5 lign.)

Corticaria cucujiformis, REITTER, Bestimmungs-Tabellen, III, pag. 36. — H. BRISOUT DE BARNEVILLE, Ann. Soc. ent. Fr. 1881, pag. 392, n. 14.

Corps allongé, fortement déprimé, brillant, presque glabre ou n'offrant qu'une rare pubescence fine, courte et couchée; d'un noir brun ou d'un brun ferrugineux, avec les antennes, les pattes et le prothorax ordinairement d'un roux ferrugineux vif; parfois entièrement de cette dernière couleur.

Tête un peu moins longue que large, nettement transversale dans sa partie comprise entre les antennes et le bord antérieur du corselet, inclinée en avant, à peine plus étroite (y compris les yeux) que le devant du pronotum; offrant une ponctuation éparse, très fine; rétrécie en arrière et marquée d'un sillon postoculaire transverse. *Épistome* très rétréci à sa base par l'insertion antennaire, situé sur le même plan que le front, dont il est séparé par une suture presque droite, ordinairement très distincte. *Labre* court, un peu dilaté-arrondi aux angles antérieurs, subémarginé en devant.

Antennes assez grêles, pubescentes, insérées en dessus à l'angle antérieur du front, plus courtes que la tête et le corselet réunis; composées de 11 articles : le 1er fortement dilaté, allongé, subglobuleux; le 2e à peu près de même longueur que le suivant, subovalaire, beaucoup plus mince que le 1er, cependant légèrement plus épais que ceux du funicule; ceux-ci subcylindriques, d'abord plus longs que larges, mais décroissant peu à peu de longueur, de sorte que le 7e est à peine allongé, et le 8e est globuleux, subtransverse; massue lâche, allongée, formée par les articles 9e à 11e, dont les 2 premiers sont assez dilatés dès la base, et le dernier est ovalaire, plus allongé que le précédent.

Yeux arrondis, proéminents, occupant plus de la moitié du bord latéral de la tête à partir de l'insertion antennaire, à peu près dépourvus de tempes distinctes, bordés en arrière d'une collerette de poils.

Pronotum cordiforme, faiblement transverse, coupé droit en avant et en arrière ; latéralement dilaté-arrondi dans son premier tiers et un peu moins large en cet endroit que les élytres, avec les angles antérieurs arrondis indistincts ; bien plus rétréci en arrière qu'en avant avec les angles postérieurs obtus ; offrant une petite dent saillante qui fait face environ à la 4e strie des élytres ; côtés non marginés, ciliés, finement mais distinctement crénelés, avec les 3 dernières denticulations plus aiguës et plus distinctes ; la surface est finement et éparsement ponctuée au milieu d'un guillochis sensible à un fort grossissement ; bien marquée d'une fossette médiane arrondie antébasilaire, au-devant de laquelle le disque offre assez souvent des traces d'une dépression longitudinale plus ou moins largement sulciforme.

Écusson très apparent, transversal, assez distinctement sillonné en travers près de son sommet.

Elytres presque parallèles, 2 fois plus larges que le corselet à sa base, à épaules presque rectangulaires avec le calus huméral à peine marqué, s'arrondissant à peu près ensemble à l'extrémité, assez finement striées-ponctuées en 8 séries (la ligne juxtasuturale plus nettement imprimée jusque vers le sommet), avec les intervalles pointillés presque aussi serrés et à peine plus finement que les stries ; repli épipleural étroit, graduellement réduit avec le contour de l'élytre et ne formant plus qu'une tranche dès le 3e arceau ventral.

Prosternum avancé en lame très étroite entre les hanches antérieures, couvert d'une ponctuation assez forte, peu serrée, creusé ordinairement de chaque côté d'une fossette antéfémorale à peine pubescente.

Mésosternum un peu plus court que le prosternum, ponctué comme lui, prolongé à peu près jusqu'à l'extrémité des hanches intermédiaires en une lame plus large que le trochanter médian.

Métasternum un peu plus long que le 1er arceau de l'abdomen, à ponctuation un peu moins forte et plus écartée que celle des segments précédents ; orné dans ses deux tiers postérieurs environ d'une impression longitudinale sulciforme avec une ligne médiane bien marquée ; subarcuément émarginé entre les hanches postérieures.

Abdomen de 5 segments : le 1er n'égalant pas tout à fait les 3 suivants réunis, s'avançant en lame arrondie entre les hanches postérieures ; à ponctuation éparse, presque oblitérée ; les 2e à 4e arceaux à peu près imponctués, courts, subégaux ; le 5e du ♂ est à peine plus long que le précédent, assez profondément creusé d'une dépression transversale en arc de cercle, et suivi d'un 6e petit segment supplémentaire ; chez la ♀, le 5e est légèrement plus long que le précédent, et creusé dans son milieu d'une fossette arrondie assez forte.

Hanches antérieures globuleuses, légèrement séparées par le prosternum, peu saillantes en dehors de leurs cavités cotyloïdes ; les médianes arrondies, globuleuses, écartées par une lame mésosternale plus large et tronquée au bout ; les postérieures transversales sont environ 2 fois plus écartées que les intermédiaires.

Cuisses robustes. *Tibias* presque linéaires ; les antérieurs droits dans les 2 sexes ; les intermédiaires du ♂ paraissent légèrement subsinués vers le sommet interne. *Tarses* ayant leurs 2 premiers articles peu allongés, subégaux ; le métatarse antérieur est dilaté et un peu pubescent chez le ♂ ; le 3e égale environ les 2 précédents réunis. *Ongles* simples.

Habitat. La Corse est la patrie de cette remarquable et très rare espèce ; je l'y ai trouvée en battant des buissons morts de chêne vert. D'après une communication de M. H. Brisout de Barneville, elle a été capturée en Algérie. Elle habite également la Morée, où M. Brenske en a rencontré un exemplaire, à Kumani.

Obs. Entre toutes ses congénères, la *C. cucujiformis* est celle qui est le plus fortement aplatie sur le disque des élytres. Cette particularité qui rappelle les Cucujides et lui a valu son nom, m'avait fait croire tout d'abord que j'avais affaire à une véritable *C. foveola* Beck : en effet sauf quelques détails de moindre importance, la description assez étendue de Mannerheim me paraissait devoir lui convenir. Mais de savants entomologistes m'ont fait remarquer que ce type, trop bien caractérisé pour être méconnaissable, n'a jamais été rencontré en Allemagne, tandis que Mannerheim dit de sa *foveola* qu'elle habite le Wurtemberg et la Bavière, où elle est commune.

Rattachée à la *bella* par ses caractères sexuels, elle s'en distingue aisément par la dépression beaucoup plus considérable du corps, par l'absence de saillie tuberculiforme aux tempes (quoique les yeux soient encore un peu séparés du bord antérieur du corselet), par la longueur proportionnelle du sillon métasternal, et aussi par les hanches antérieures qui sont seulement subcontiguës et laissent apercevoir entre elles un prosternum très étroit. Ce dernier caractère rappelle ce qui a lieu dans un certain nombre d'insectes appartenant à la 2e branche de la famille des Lathridiens. Aussi avais-je songé tout d'abord à placer l'espèce actuelle dans un groupe à part, qui viendrait à la tête du genre; mais pour cela il aurait fallu intervertir complètement l'ordre adopté par les monographes, en la faisant suivre immédiatement par les espèces subdéprimées ou convexiuscules à pubescence courte et couchée, après lesquelles on aurait rangé celles dont la pubescence est longue et le corps toujours plus ou moins notablement convexe. Malgré les avantages de cette disposition nouvelle pour constituer logiquement la série linéaire, les lacunes, malheureusement trop importantes de ma collection, ont mis obstacle à mes investigations sur ce point, et abandonnant cette tâche aux savants placés dans des conditions meilleures, je n'ai pas poursuivi un projet qui n'aurait peut-être pas été justifié par l'étude ultérieure de matériaux plus nombreux, surtout en ce qui concerne les formes exotiques.

9e GROUPE.

Les deux types suivants, qui appartiennent à la faune française, ont été séparés avec quelques autres de toutes les *Corticaria* qui précèdent, principalement parce qu'ils offrent de chaque côté du prosternum une excavation transverse, assez profonde et densément pubescente. Mais, comme on a pu le constater en parcourant les descriptions détaillées, ce caractère se retrouve à des degrés divers chez toutes les espèces qui précèdent. Il m'a donc été impossible d'en tenir compte dans mon tableau, et j'ai dû me borner à les différencier au moyen de la particularité importante présentée par le 5e arceau ventral qui est plan dans les 2 sexes. En raison de leur corselet presque en carré transverse, tantôt aussi large et tantôt plus étroit que les étuis, leur faciès est tout autre que celui du 8e groupe, et leur taille est inférieure.

20. **Corticaria elongata**, HUMMEL.

Allongée, sublinéaire, déprimée, d'un ferrugineux-testacé uniforme; couverte d'une pubescence couchée un peu plus longue que d'ordinaire.

8° *article des antennes subtransversal. Tête à ponctuation presque oblitérée, offrant après les yeux des tempes en forme de liseré très étroit. Corselet à peu près en carré transverse, environ aussi long que les étuis ; couvert d'une ponctuation très fine et assez serrée ; bord latéral obsolètement crénelé, avec les 3 ou 4 denticules postérieurs un peu plus distincts; une fovéole arrondie plus ou moins marquée au-devant de l'écusson. Élytres allongées, subparallèles, à épaules presque rectangulaires, offrant 8 séries de points assez forts, régulières et prolongées jusqu'au sommet ; avec les intervalles assez larges obsolètement rugueux et très finement pointillés. Métasternum subégal au 1*er *arceau de l'abdomen, orné d'une ligne longitudinale imprimée dans sa moitié postérieure. 5*e *arceau ventral plan dans les 2 sexes.*

♂ *Tibias antérieurs* subsinués intérieurement avant le sommet, et ciliés le long du bord interne. *Premier article* des tarses antérieurs un peu dilaté et garni de quelques longs poils blanchâtres. Un 6e petit arceau supplémentaire à peine distinct au milieu de la pubescence.

♀ *Tibias antérieurs* droits. *Premier article* des tarses antérieurs simple. *Abdomen* de 5 arceaux seulement.

Long., 0m0013 à 0m0018 (1/2 à 4/5 lign.) ; — larg., 0m0006 à 0m0008 (2/7 à 3/10 lign.).

Lathridius elongatus, HUMMEL, Essais entom. IV, pag. 5. — GYLLENHAL, Ins. Suec. IV, pag. 130, n. 8.

Corticaria elongata, MANNERHEIM, in Germ. Zeitschr. V, pag. 44, n. 35. — WATERHOUSE, Trans. ent. Soc. Lond. V, pag. 140, n. 7.— THOMSON, Skand. Coleopt. V, pag. 233, n. 12.— REDTENBACHER, Faun. Austr. (3e édit.), pag. 422. — REITTER, Stett. ent. Zeit. 1875, pag. 429. — H. BRISOUT DE BARNEVILLE, Ann. Soc. ent. Fr. 1881, pag. 402, n. 30.

Corps allongé, sublinéaire, déprimé, entièrement d'un ferrugineux-testacé ; couvert d'une pubescence d'un fauve pâle assez longue, couchée, et disposée sérialement sur les élytres.

Tête un peu moins longue que large, nettement transversale dans sa partie comprise entre les antennes et le bord antérieur du corselet; un peu inclinée en avant ; environ de moitié plus étroite (y compris les yeux) que le prothorax dans sa plus grande largeur, à ponctuation presque entièrement oblitérée ; un peu rétrécie et marquée transversalement d'un sillon postoculaire. *Epistome* transverse, rétréci à la base par l'insertion antennaire, situé sur le même plan que le front, dont il est séparé par une suture à peine distincte. *Labre* court, arrondi à ses angles antérieurs, subémarginé en devant.

Antennes peu robustes, pubescentes, insérées en dessus à l'angle antérieur du front, égalant à peine la tête et le corselet pris ensemble, composées de 11 articles : le 1er fortement dilaté, en massue ; le 2e un peu plus long que le 3e, ovalaire, allongé, beaucoup plus mince que le 1er, mais encore plus épais que ceux du funicule ; les 3e à 8e subcylindriques, décroissant peu à peu ; le 7e suballongé, le 8e presque transversal ; 9e à 11e formant la massue qui est lâche, allongée, avec les 2 premiers articles subégaux, presque aussi longs que larges, dilatés dès la base, et le 11e, en ovale allongé, un peu moins long que les 2 précédents réunis.

Yeux arrondis, proéminents, occupant plus de la moitié du bord latéral de la tête à partir de l'insertion antennaire, peu éloignés du corselet ; les tempes sont formées par un bourrelet très étroit.

Pronotum à peu près en carré transverse, environ de la même largeur que les élytres, paraissant un peu plus étroit dans le ♂ que dans la ♀ ; coupé droit en avant avec les angles antérieurs arrondis indistincts, légèrement plus rétréci en s'arrondissant vers l'arrière avec la base subarquée ; côtés non marginés, subcrénelés et ciliés, les 2 ou 3 denticulations qui avoisinent les angles postérieurs plus marquées, et la dernière de celles-ci aboutissant vis-à-vis de la 5e strie des élytres ; la surface est couverte d'une ponctuation très fine et assez serrée, avec une fossette arrondie plus ou moins marquée au-devant de la base, et parfois aussi une fossette de chaque côté sur le disque.

Écusson très apparent, transversal, parfois sillonné en travers près de son sommet.

Élytres allongées, subparallèles, déprimées, subrectangulaires aux épaules, avec le calus huméral à peine sensible, s'arrondissant ensemble à l'extrémité, assez fortement et régulièrement ponctuées-striées en huit séries, avec les intervalles assez larges, obsolètement ruguleux, sérialement et très finement pointillés ; repli épipleural médiocre, graduellement rétréci avec le contour de l'élytre et réduit à une tranche vers le 4e arceau ventral.

Prosternum très obtus au-devant des hanches antérieures, parsemé de points assez fins et plus ou moins oblitérés, très nettement orné sur les flancs de chaque côté d'une fossette transverse antécoxale qui part de la hanche, et se prolonge presque jusqu'à la marge latérale ; cette fossette est ordinairement garnie d'une pubescence couchée assez dense.

Mésosternum un peu plus court que le prosternum, prolongé anguleusement entre les hanches intermédiaires presque jusqu'à leur extrémité, environ aussi large en cet endroit que le trochanter médian.

Métasternum subégal au 1er arceau de l'abdomen ; couvert d'un guillochis extrêmement fin et d'une ponctuation assez fine et plus ou moins serrée ; offrant, dans sa moitié postérieure au moins, une ligne longitudinale médiane imprimée ; subanguleusement émarginé entre les hanches postérieures.

Abdomen de 5 segments ; à ponctuation souvent à peine distincte : le 1er égalant presque les 3 suivants réunis, formant en avant une saillie intercoxale à pointe arrondie ; les 2e à 4e arceaux courts, subégaux, le 5e plan dans les 2 sexes, un peu plus long que le précédent chez la ♀, de même longueur que le 4e chez le ♂ et suivi d'un 6e segment supplémentaire très petit, qui est à peine distinct au milieu de la pubescence.

Hanches antérieures subglobuleuses, contiguës ; les médianes arrondies, séparées par une lame mésosternale assez étroite ; les postérieures, transversales, sont environ 2 fois plus écartées que les intermédiaires.

Cuisses assez robustes. *Tibias* presque linéaires ; les antérieurs droits dans la ♀, subsinués intérieurement avant le sommet et ciliés le long du bord interne chez le ♂. *Tarses* ayant leurs 2 premiers articles subégaux (le 2e à peine plus court que le 1er) ; le 3e égale les 2 précédents réunis ; le métatarse antérieur du ♂ est un peu dilaté et garni de quelques longs poils blanchâtres. *Ongles* simples.

Habitat. Assez commune dans toute l'Europe sous les détritus des végétaux, au pied des arbres. J'en ai vu des exemplaires de Suède, d'Angleterre, de Saxe, de Suisse, d'Autriche, de Hongrie et de Dalmatie. En France, elle paraît vivre dans toutes les régions. M. E. Revelière l'a prise abondamment à Portovecchio (Corse), sous des foins nouvellement coupés. La collection de M. Sharp renferme des individus provenant de la Nouvelle-Zélande.

Obs. La forme particulière du corselet donne à la *C. elongata* un aspect qui ne ressemble à celui d'aucune autre espèce du genre. Son corps déprimé, à peu près de même largeur partout, avec les stries ponctuées des étuis prolongées jusqu'au sommet, la font distinguer à première vue de la *fenestralis*.

M. Thomson en a séparé un insecte de Laponie, qui ne paraît guère différer que par la denticulation plus forte des bords latéraux prothoraciques, et par la forme moins obtuse du sommet des élytres ; il l'a nommée *C. spinulosa* (Opusc. ent. IV, pag. 385). Si cette forme est spécifiquement distincte, il faudra changer ce nom déjà attribué par Mannerheim à une espèce de l'Amérique russe. M. Reitter propose de l'appeler *C. Thomsoni* (Bestimmungs-Tabellen III, pag. 26).

21. Corticaria fenestralis, LINNÉ.

Oblongue, subconvexe, presque glabre, ou à pubescence rare, courte et couchée ; d'un ferrugineux plus ou moins sombre, avec la tête, la poitrine et l'abdomen rembrunis ; parfois d'un brun châtain avec les antennes et les pattes ferrugineuses ; ou au contraire entièrement testacée. 8e article des antennes presque globuleux. Tête à ponctuation écartée, assez fine, dépourvue de tempes distinctes en arrière des yeux. Corselet en carré subtransverse, notablement plus étroit que les élytres, à ponctuation médiocre, assez serrée ; bord latéral obsolètement crénelé, avec les 3 ou 4 denticules postérieurs à peine distincts ; une fossette arrondie, ordinairement assez légère, au-devant de l'écusson. Élytres subovales, faiblement élargies vers le milieu, offrant 8 séries de points assez fins, plus ou moins oblitérés vers le sommet, sauf la strie suturale qui est plus profonde et atteint l'extrémité, avec les intervalles obsolètement subruguleux et à peine régulièrement pointillés. Métasternum subégal au 1er arceau de l'abdomen, orné d'un sillon longitudinal dans sa moitié postérieure. 5e segment ventral plan dans les 2 sexes.

♂ *Tibias antérieurs* subsinués intérieurement avant le sommet. *Premier article* des tarses antérieurs un peu dilaté. Un 6e arceau ventral supplémentaire très petit.

♀ *Tibias antérieurs* droits. *Premier article* des tarses antérieurs simple. *Abdomen* de 5 arceaux seulement.

Long., 0m0015 à 0m0018 (2/3 à 4/5 lign.) ; — larg., 0m0007 à 0m0008 (1/3 à 3/10 lign.).

Dermestes fenestralis, LINNÉ, Faun. Suec. pag. 143, n. 423 ; — Syst. nat. II, pag. 563, n. 15.

Corticaria fenestralis, REITTER, Stett. ent. Zeit. 1875, pag. 430. — H. BRISOUT DE BARNEVILLE, Ann. Soc. ent. Fr. 1881, pag. 403, n. 31.

Lathridius ferrugineus, MARSHAM, Ent. Brit. I, pag. 111, n. 15. — GYLLENHAL, Ins. Suec. IV, pag. 131, n. 9. — ZETTERSTEDT, Ins. Lapp. pag. 199, n 5.
Corticaria ferruginea, MANNERHEIM, in Germ. Zeitschr. V, pag. 45, n. 36. — WATERHOUSE, Trans. ent. Soc. Lond. V, pag. 141, n. 8. — THOMSON, Skand. Coleopt. V, pag. 234, n. 13.
Lathridius nigricollis, ZETTERSTEDT, Ins. Lapp. pag. 199, n. 6.
Lathridius rufulus, ZETTERSTEDT, loc. cit. pag. 199, n. 7.
Lathridius nigriceps, WALTL, Käf. Passau, in Isis 1839, III, pag. 224.
Corticaria subacuminata, MANNERHEIM, in Germ. Zeitschr, V, pag. 46, n. 37.
Corticaria delcta, MANNERHEIM, Bull. Mosc. 1853, III, pag. 212 (1). — MOTSCHULSKY, Bull. Mosc. 1867, I, pag. 86.

Corps oblong, très peu déprimé, assez brillant, couvert d'une pubescence pâle, fine et très courte, sujette à disparaître par le frottement; d'un brun châtain avec les antennes et les pattes ferrugineuses, ou d'un ferrugineux plus ou moins sombre avec la tête, la poitrine et l'abdomen rembrunis ; rarement testacé en entier, sauf les yeux qui sont noirs.

Tête moins longue que large, nettement transversale dans sa partie comprise entre les antennes et le bord antérieur du corselet, un peu inclinée en avant, d'un tiers au moins plus étroite (y compris les yeux) que le prothorax dans sa plus grande largeur, à ponctuation écartée, assez fine. *Epistome* transverse, rétréci à la base par l'insertion antennaire, situé sur le même plan que le front, dont il est séparé par une suture à peine distincte. *Labre* court, arrondi à ses angles antérieurs, subémarginé en devant.

Antennes peu robustes, pubescentes, insérées en dessus à l'angle antérieur du front, environ de même longueur que la tête et le corselet réunis, composées de 11 articles : le 1er fortement dilaté, presque globuleux ; le 2e, un peu plus long que le suivant, ovalaire allongé, beaucoup plus mince que le 1er, mais encore plus épais que ceux du funicule ; 3e à 8e subcylindriques, allongés, décroissant peu à peu jusqu'au 8e qui est presque globuleux ; 9e à 11e formant la massue qui est lâche, allongée, avec les 2 premiers articles subglobuleux, et le dernier en ovale allongé, un peu moins long que les 2 précédents pris ensemble.

(1) N'ayant pas en ce moment sous la main le volume du Bulletin de Moscou, j'emprunte au Catalogue de Munich le chiffre de la pagination qui n'est pas conforme à l'indication donnée par Motschulsky ; cet auteur *(loc. cit.)* renvoie en effet à la page 120, n. 169. — Les indications fournies par l'Abeille de M. de Marseul (XVIII, 1881, pag. 120) sont absolument inexactes, puisqu'elles se rapportent à la *C. diluta* de Mannerheim et de Motschulsky, qui est une toute autre espèce.

Yeux arrondis, proéminents, occupant environ les deux tiers du bord latéral de la tête à partir de l'insertion antennaire, contigus au corselet et dépourvus de tempes distinctes.

Pronotum en carré subtransverse ; visiblement plus étroit que les élytres, coupé droit en avant avec les angles antérieurs arrondis indistincts ; à peine plus rétréci vers la base qui est subarquée ; côtés non marginés, obsolètement crénelés, ciliés, offrant 3 ou 4 petites denticulations vers les angles postérieurs qui sont obtus et font face environ à la 5e strie des élytres ; la surface est couverte d'une ponctuation médiocre, assez serrée, à peine plus forte que celle des étuis, avec une fossette arrondie, ordinairement assez légère, au-devant de la base.

Écusson très apparent, transverse, sillonné en travers près de son sommet.

Élytres subovales, faiblement élargies vers le milieu, subrectangulaires aux épaules avec le calus huméral un peu saillant, s'arrondissant ensemble à l'extrémité, assez finement ponctuées-striées en 8 séries plus ou moins obsolètes en arrière, à l'exception de la strie juxtasuturale qui est plus profonde et atteint le sommet ; les intervalles obsolètement et transversalement subruguleux sont à peine régulièrement pointillés ; repli épipleural médiocre, graduellement rétréci avec le contour de l'élytre, et réduit à une tranche vers le 4e arceau ventral.

Prosternum en angle obtus au-devant des hanches antérieures, très nettement marqué sur les flancs de chaque côté d'une fossette transverse antécoxale, garnie d'une pubescence couchée assez dense.

Mésosternum un peu plus court que le prosternum, prolongé anguleusement entre les hanches intermédiaires presque jusqu'à leur extrémité, à peine aussi large en cet endroit que le trochanter médian.

Métasternum subégal au 1er arceau de l'abdomen, couvert d'une ponctuation peu serrée, plus ou moins oblitérée ; offrant sur la moitié postérieure un sillon longitudinal médian ; émarginé en angle très obtus entre les hanches postérieures, avec une petite incision au milieu.

Abdomen de 5 segments imponctués, ou à ponctuation fine, éparse, à peine distincte : le 1er n'égalant pas tout à fait les 3 suivants réunis, formant en avant une saillie intercoxale subarrondie ; les 2e à 4e arceaux courts, subégaux ; le 5e plan dans les 2 sexes, un peu plus long que le précédent ; chez le ♂, il est suivi d'un 6e segment supplémentaire très petit.

Hanches antérieures subglobuleuses, contiguës, saillantes en dehors des cavités cotyloïdes ; les médianes arrondies, séparées par une lame mésosternale assez étroite ; les postérieures transversales sont environ 2 fois plus écartées que les intermédiaires.

Cuisses assez robustes. *Tibias* presque linéaires ; les antérieurs droits dans la ♀, subsinués intérieurement avant le sommet chez le ♂. *Tarses* ayant leurs 2 premiers articles inégaux (le 2e un peu plus court) ; le 3e égale les 2 précédents réunis ; le métatarse antérieur du ♂ est subdilaté. *Ongles* simples.

Habitat. Cette espèce paraît rare, au moins en France : je n'en ai vu aucun exemplaire de cette provenance ; mais M. H. Brisout de Barneville l'indique des Landes et de Châteauroux. Les échantillons que je possède ont été recueillis en Angleterre et dans les régions boréales de l'Europe (Nord de l'Allemagne, Russie, Laponie). On l'a cependant trouvée au Caucase. Elle habite également l'extrême nord de l'Amérique (Kenaï, territoire d'Alaska), d'où proviennent des types que j'ai acquis de M. le Dr Schaufuss.

Obs. La coloration très variable a donné lieu aux descripteurs de désigner cette même espèce sous plusieurs noms différents. Zetterstedt a appelé *L. rufulus* les exemplaires entièrement pâles, *L. ferrugineus* ceux dont la tête, la poitrine et l'abdomen sont rembrunis (c'est aussi le *L. nigriceps* de Walt), enfin *L. nigricollis* ceux qui ont en outre le corselet obscur. La *C. deleta* de Mannerheim est au contraire une variété par excès de couleur noire. A part cette diversité de teintes, il n'existe réellement aucun caractère morphologique qui autorise leur séparation.

La *C. fenestralis* est bien distincte de l'*elongata*, outre sa coloration, par son corps assez convexe, presque glabre ou à pubescence rare et courte, par son corselet notablement plus étroit que les élytres, et par les stries ponctuées de celles-ci s'oblitérant après le milieu. Elle rappelle davantage les espèces du groupe de la *serrata* : elle a, comme celles-ci, la tête dépourvue de tempes distinctes et les yeux presque contigus au bord antérieur du corselet ; mais ici le 5e arceau ventral est plan dans les 2 sexes ; le prothorax nullement cordiforme est plutôt en carré transverse notablement plus étroit que les étuis, etc.

Par son contour général, et par la denticulation presque entièrement obsolète du corselet, l'espèce actuelle forme convenablement le passage vers le genre qui suit.

Genre *Melanophthalma*, Motschusley.

Motschulsky. Bull. Mosc. 1866, III. pag. 269.
Étymologie : μέλας, noir ; ὀφθαλμὸς, œil.

Caractères. — *Corps* ovale, généralement assez court, convexe, pubescent, alutacé. *Front* uni, séparé de l'épistome par une strie plus ou moins distincte. *Antennes* de 11 articles, insérées en dessus à l'angle antérieur du front et terminées par une massue de deux ou trois articles allongés. *Yeux* latéraux, globuleux, plus ou moins proéminents, composés de facettes assez grossières. *Pronotum* sans côtes discales, très obsolètement crénelé mais non rebordé latéralement, margíné à sa base et très souvent pourvu au-devant de celle-ci d'une impression transversale ou d'une fossette. *Écusson* très distinct. *Élytres* ne cachant presque jamais tout le pygidium, ornées de 8 stries ponctuées et d'une pubescence couchée, ordinairement assez fine et courte, disposée en séries sur les stries et sur les intervalles. *Prosternum* raccourci en angle obtus au-devant des hanches antérieures, et marqué le long de celles-ci d'une ligne de points enfoncés qui forment une sorte de fossette transversale. *Métasternum* assez légèrement, parfois à peine distinctement sillonné ou fovéolé au milieu de sa base. *Hanches* antérieures contiguës ; les médianes et les postérieures inégalement distantes. *Abdomen* de 6 segments dans les deux sexes : le 1er le plus long, les suivants courts, les deux derniers généralement garnis d'une pubescence plus épaisse qui les rend parfois difficiles à distinguer. *Tarses* à 1er article un peu plus long que le 2e ; le 3e égale les 2 précédents réunis. *Ongles* simples.

Obs. La structure des antennes, composées de 11 articles, dont les 9e et 10e ne sont jamais transverses, suffit à distinguer immédiatement les *Melanophthalma* des *Migneauxia* qui les suivent. Il serait plus facile de les confondre avec les espèces du genre *Corticaria* proprement dit, si l'on ne faisait attention surtout à la présence de six segments abdominaux dans les deux sexes : c'est là en effet le caractère principal de leur organisation différente, mais il faut y ajouter un certain nombre de traits dont la réunion contribue à leur donner une physionomie spéciale, tels que la forme du corps plus ramassée, l'impression ante-basilaire du corselet plus ou moins prolongée transversalement, les élytres subtronquées à l'extrémité et laissant presque toujours une partie du pygidium à découvert, la fossette latérale du prosternum transverse, non pubescente, le sillon métasternal court et peu marqué, souvent obsolète, etc. On peut remarquer en outre qu'aucune *Corticaria vraie* (1) ne possède de lignes obliques imprimées sur le premier arceau ventral à partir de l'insertion des hanches, ni les tibias antérieurs du ♂ pourvus à leur face postéro-interne d'une dent saillante, tandis que l'une ou l'autre de ces singularités existe chez les *Melanophthalma*.

Ce genre a été créé par Motschulsky, mais cet auteur semble avoir été guidé par le faciès et par quelques détails peu importants plutôt que par l'ensemble des caractères vraiment essentiels. Aussi a-t-il laissé parmi les *Corticaria* plusieurs espèces qui appartiennent manifestement au groupe actuel. C'est à M. Reitter qu'appartient l'honneur d'en avoir donné une formule valable (Stett. ent. Zeit. 1875, pag. 431), à laquelle en'ai apporté que de très légères modifications, nécessitées par une observation plus minutieuse. Le nom, donné par Motschulsky, et adopté d'abord par le savant auteur de la Revision des Lathridiides européens (2), me paraît devoir être conservé malgré la raison qui a porté ce dernier à le changer en *Corticarina*, dans ses *Bestimmungs-Tabellen* (III, pag. 28). Si cette appellation nouvelle a l'avantage de rappeler de suite les affinités du groupe actuel avec le précédent, elle est en opposition avec les droits acquis à la priorité de publication et surcharge sans nécessité la synonymie, outre qu'elle est sujette à plusieurs inconvénients justement signalés par M. Maurice des Gozis (Abeille, XVIII, pag. 161). Quant à rejeter la dénomination primitive pour la remplacer par *Melanopsis* ou plutôt par *Oropsime*, sous prétexte que *Melanophthalma* serait un nom « essentiellement spécifique », cela me semble tout à fait inadmissible, l'adoption d'une pareille mesure entraînant logiquement après elle un bouleversement complet de la nomenclature reçue dans les diverses branches de la zoologie.

L'excessive variabilité de ces insectes a été cause que beaucoup de

(1) Je ne parle bien entendu que des espèces françaises et de celles de la faune circa-méditerranéenne que j'ai pu examiner ; il pourrait se faire qu'il en fût autrement chez celles qui me sont inconnues, surtout parmi les exotiques.

(2) En parcourant la 3e édition du *Catalogus Coleopterorum Europæ et Caucasi* (Berlin, 1883, pag. 82), je vois avec plaisir que M. Reitter est revenu à cette première appellation, ne conservant le nom de *Corticarina* que pour désigner un sous-genre.

formes plus ou moins divergentes ont été décrites à tort comme constituant des espèces distinctes. Celles qui appartiennent à la faune européenne doivent être ramenées à un petit nombre de types suffisamment caractérisés, huit ou neuf tout au plus, qui, à l'exception de la seule *M. ovalipennis* Reitter, se rencontrent dans les limites de notre territoire. M. Reitter les partage en deux sous-genres : le premier, auquel il réserve le nom de *Melanophthalma* Motsch., comprend les 4 espèces dont le prothorax, toujours beaucoup plus étroit que les élytres, peu arrondi et parfois anguleux latéralement, n'a pas les angles postérieurs denticuliformes, et offre d'ordinaire au-devant de la base une ligne transversale peu marquée au milieu et plus enfoncée sur les côtés, sans fovéole antéscutellaire *(M. gibbosa, transversalis, fuscipennis et distinguenda)*; le second, qu'il appelle *Corticarina*, se reconnaît au prothorax transverse, assez fortement et régulièrement arrondi sur les côtés, à angles postérieurs prolongés en denticule saillant, et à la fossette ovale transverse, quoique parfois obsolète, qui orne le milieu basal du pronotum *(M. similata, ovalipennis, fuscula, fulvipes et truncatella)*. J'ai préféré diviser simplement le genre en sections, basées sur des caractères d'une stabilité absolue et plus faciles à apprécier lorsqu'on n'a pas sous les yeux toute une série d'insectes. Voici le tableau synoptique de nos espèces françaises :

A. *Deux lignes* obliques imprimées sur le 1er segment abdominal. *Tibias antérieurs* simples dans les 2 sexes. *Yeux* non contigus au bord antérieur du corselet.

a. *Massue antennaire* tri-articulée. *Métasternum* échancré en angle entre les hanches postérieures.

b. *Antennes* ferrugineuses, avec la massue généralement obscure. *Prothorax* ne formant pas d'angle distinct sur le milieu des côtés qui sont plus ou moins arrondis. *Dernier article* des tarses antérieurs simple dans les deux sexes. . . . . TRANSVERSALIS.

bb. *Antennes* entièrement ferrugineuses. *Prothorax* plus ou moins nettement anguleux vers le milieu de ses côtés. *Dernier article* des tarses antérieurs du ♂ armé en dessous d'une dent épineuse. . . . . DISTINGUENDA.

aa. *Massue antennaire* de deux articles seulement. *Métasternum* échancré en arc entre les hanches postérieures. . . FUSCIPENNIS.

AA. *Point de lignes obliques* sur le 1er segment abdominal. *Tibias antérieurs* du ♂ armés d'une dent épineuse à leur côté interne. *Yeux* contigus au bord antérieur du corselet (1). *Métasternum* tronqué droit entre les hanches postérieures (ou n'ayant tout au plus qu'une très petite échancrure accidentelle au milieu).

B. *Tête* fortement et densément ponctuée. *Pronotum* beaucoup plus étroit que les élytres, marqué peu après le milieu d'une impression transversale qui atteint presque les bords, sans fossette médiane transverse. La *dent épineuse* des tibias antérieurs du ♂ située environ au quart apical. . . . . GIBBOSA.

BB. *Tête* à ponctuation fine et plus ou moins obsolète. *Pronotum* offrant généralement au-devant de sa base et plus près de celle-ci une fossette médiane transverse. La *dent épineuse* des tibias antérieurs du ♂ située peu après le milieu.

c. *Corselet* à peine plus large que long, notablement plus étroit que les élytres à leur base, orné au-devant de l'écusson d'une fossette transversale très profonde, et ordinairement de deux autres fossettes latérales plus faibles placées près des angles postérieurs. . . . . SIMILATA.

cc. *Corselet* fortement transverse et arrondi sur les côtés.

d. *Massue des antennes* obscure. *Tête, corselet* et *élytres* d'un brun ou d'un rouge plus ou moins sombre. *Fossette prothoracique* antéscutellaire assez profonde, en ovale transverse. . . . . FUSCULA.

dd. *Massue des antennes* concolore. *Tête* et *corselet* au moins d'un testacé pâle ou d'un rouge ferrugineux. *Fossette prothoracique* moins profonde, et d'ordinaire en ovale arrondi, ou obsolète.

e. *Dessous du corps* entièrement testacé comme le dessus. *Corselet* égalant presque dans son milieu la plus grande largeur des élytres. . . . . TRUNCATELLA.

ee. *Dessous du corps* brun. *Élytres* parfois d'un noir brunâtre. *Corselet* toujours plus étroit dans son milieu que la plus grande largeur des élytres. . . . FULVIPES.

1. **Melanophthalma transversalis**, Gyllenhal.

Ovale-oblongue, un peu convexe, couverte d'une courte pubescence couchée. Corps d'un brun ferrugineux obscur, ou d'un rouge ferrugineux,

(1) Ce caractère ne peut être facilement constaté que chez les individus dont la tête a gardé la position normale ; car il arrive parfois que, soit par l'effet de la benzine ou des autres moyens employés pour asphyxier les insectes, soit à la suite d'un ramollissement trop prolongé, la tête sort de la cavité prothoracique.

parfois avec la suture et le bord latéral des élytres rembrunis. Antennes ferrugineuses avec la massue tri-articulée généralement obscure. Yeux non contigus au bord antérieur du corselet. Front parsemé de gros points un peu écartés. Pronotum transverse, un peu arrondi sur les côtés, beaucoup plus étroit que les élytres à sa base, avec les angles postérieurs presque droits subacuminés; chagriné et recouvert d'une ponctuation plus ou moins grosse et profonde, mais pas très serrée; une impression transversale arquée, parfois obsolète, au-devant de la base. Élytres légèrement striées-ponctuées, avec les intervalles planiuscules souvent pointillés ou ponctués en série sur tout ou partie de leur longueur. Métasternum émarginé en angle obtus par la saillie intercoxale. Premier arceau ventral marqué de deux lignes longitudinales obliques. Tibias et tarses antérieurs simples dans les deux sexes.

Long.: 0m0013 à 0m002 (3/5 à 9/10 lign.); — larg.: 0m0005 à 0m0008 (1/4 à 3/10 lign.).

Lathridius transversalis, GYLLENHAL, Ins. Suec. IV, pag. 133, n. 11.
Corticaria transversalis, MANNERHEIM, in Germ. Zeitsch. V, pag. 51, n. 42. — THOMSON, Skand. Col. V, pag. 235, n. 15. — REDTENBACHER, Faun. Austr. 3e édit. pag. 423. — SEIDLITZ, Faun. Balt. pag. 170. — H. BRISOUT DE BARNEVILLE, Ann. Soc. Ent. Fr. 1881. pag. 407, n. 34.
Melanophthalma transversalis, MOTSCHULSKY, Bull. Mosc. 1866, III, pag. 272. — REITTER, Stett. Ent. Zeit. 1875, pag. 436.
Corticaria curticollis MANNERHEIM, in Germ. Zeitschr. V, pag. 47, n. 38.
Corticaria taurica, MANNERHEIM, loc. cit. pag. 51, n. 43.
Corticaria brevicollis, MANNERHEIM, loc. cit. pag. 52, n. 44. — REDTENBACHER, Faun. Austr. 3e édit. pag. 423.
Corticaria hortensis, MANNERHEIM, loc. cit. pag. 52, n. 45.
Corticaria crocata, MANNERHEIM, loc. cit. pag. 53, n. 46. — REDTENBACHER, Faun. Austr. 3e édit. pag. 424.
Corticaria suturalis, MANNERHEIM, loc. cit. pag. 58, n. 52.
Corticaria pallens, MANNERHEIM, loc. cit. pag. 58, n. 53.
Corticaria sericea, MANNERHEIM, loc. cit. pag. 60, n. 56.
Corticaria Wollastoni, WATERHOUSE, Trans. ent. Soc. Lond., V, (1859), pag. 143 n. 10.
Melanophthalma maura, MOTSCHULSKY, Bull. Mosc., 1866, III, pag. 271.
Melanophthalma albipilis, REITTER, Stett. Ent. Zeit., 1875. pag. 435.
Melanophthalma moraviaca, REITTER, loc. cit., pag. 435.

Corps en ovale oblong, un peu convexe, à pubescence courte, cendrée, couchée sur les élytres; brun ferrugineux obscur ou rouge ferrugineux, parfois avec la suture et le bord latéral des étuis plus ou moins rembrunis; les antennes (à massue ordinairement obscure) et les pattes ferrugineuses.

Tête à peu près aussi longue que large, transversale dans sa partie comprise entre les antennes et le corselet, un peu moins large (y compris les yeux) que le bord antérieur de celui-ci, un peu inclinée en avant, légèrement resserrée et parfois marquée en arrière des yeux d'un sillon transverse qui est d'ordinaire caché sous le pronotum ; offrant de gros points écartés plus ou moins superficiels parsemés sur sa surface qui est assez unie, subconvexe. *Épistome* transversal, à suture frontale obsolète et indistincte, situé sur le même plan que le front, rétréci à la base par l'insertion antennaire. *Labre* large, court, transverse, dilaté et arrondi sur les côtés avec le bord antérieur faiblement émarginé.

Antennes peu robustes, insérées en dessus à l'angle antérieur du front, égalant presque la longueur de la tête et du corselet, composées de 11 articles : le 1er très renflé, orbiculaire ; le 2e moins épais que le précédent, mais plus gros que ceux qui suivent, moins long que le 1er, subcylindrique ; les 3e à 8e assez minces, subcylindriques, diminuant peu à peu de longueur, tous plus longs que larges ; la massue commence évidemment au 9e article, qui est obconique, moitié plus allongé que le 8e, et deux fois plus épais que lui au sommet ; le 10e article est obconique, encore un peu plus épais, au moins aussi long que large ; le 11e égale en dilatation le sommet du précédent, est environ une fois et demie aussi long que large, et de forme presque ovale.

Yeux arrondis, proéminents, occupant plus de la moitié du bord latéral de la tête à partir de l'insertion antennaire, séparés du corselet par un léger intervalle, les tempes formant comme une sorte de tubercule surmonté d'un petit bouquet de poils.

Pronotum court, transverse, beaucoup moins large que les élytres, coupé à peu près droit en devant et à la base, avec les angles antérieurs émoussés, indistincts ; plus rétréci en avant qu'en arrière ; arrondi sur les côtés surtout antérieurement, de sorte que la plus grande largeur est un peu avant le milieu ; le bord latéral non margíné, cilié, et très obsolètement crénelé ; les angles postérieurs sont presque droits et tombent sur la base, en formant une petite dent, entre la 4e et la 5e strie des élytres ; la surface est finement guillochée et ponctuée plus ou moins grossièrement et profondément, mais pas très serré ; au-devant de la base, une impression transverse, arquée, plus ou moins forte (parfois entièrement obsolète), s'étendant jusqu'au bord latéral (1).

Écusson très apparent, tout à fait transversal.

Élytres en ovale oblong, convexes, subarrondies aux angles huméraux, très faiblement dilatées sous l'épaule, légèrement courbées sur les côtés, s'arrondissant ensemble à l'extrémité où elles sont subtronquées, avec l'angle sutural prolongé parfois en une petite saillie subacuminée, et laissant à découvert, surtout chez les ♀, une portion du pygidium ; légèrement striées-ponctuées de 8 séries de points peu serrés, qui s'oblitèrent souvent vers le sommet ; les séries latérales sont ordinairement plus fortes ; intervalles un peu élevés, sérialement pointillés, ornés de poils couchés comme ceux des stries ; tantôt les points sont plus faibles ou presque aussi forts que ceux des stries, tantôt ils sont à peine visibles à partir du milieu ; repli épipleural pas très large, peu à peu rétréci avec le contour de l'élytre, et réduit à une tranche vers le 4e segment abdominal.

Prosternum en angle très obtus au devant des hanches antérieures, orné en avant et le long du bord d'une ligne de points plus ou moins marqués ; une autre série de points plus nette se montre de chaque côté, où elle forme une ligne antécoxale.

Mésosternum uni, à peu près de la longueur du trochanter médian, se terminant au milieu des hanches intermédiaires.

Métasternum beaucoup plus allongé que le mésosternum, un peu moins long que le 1er segment ventral, à peine marqué au bord postérieur d'une dépression sulciforme, qui est même parfois complètement indistincte (2), émarginé triangulairement en cet endroit par la saillie intercoxale de l'abdomen, un peu bombé avant le sillon qui longe les hanches postérieures ; parsemé, surtout latéralement, de points plus ou moins enfoncés.

Abdomen de 6 segments : le 1er égale les deux suivants réunis ; il s'avance en pointe subarrondie entre les hanches postérieures, et il est orné de deux lignes longitudinales obliques qui n'atteignent pas ou atteignent à peine le bord du 2e arceau ; les trois segments suivants sont courts, subégaux ; le 5e est un peu plus long que le 4e ; il est suivi d'un 6e segment transversal, souvent difficile à percevoir au milieu de la pubescence plus épaisse qui recouvre cette partie.

(1) Chez quelques individus, qui paraissent mal conformés, il existe de chaque côté sur le disque une fossette allongée.

(2) Ce sont généralement les ♀, dont le métasternum est moins ou à peine longitudinalement sillonné. La même remarque s'applique à plusieurs autres espèces.

Hanches antérieures en cône arrondi, contiguës ; les médianes, arrondies, sont séparées par la plaque mésosternale qui est environ aussi large que l'une d'elles ; les postérieures, transversales, sont au moins deux fois aussi distantes que les intermédiaires.

Cuisses assez robustes. *Tibias* presque linéaires, simples dans les deux sexes. *Tarses* ayant leurs deux premiers articles faiblement allongés, linéaires ; le 2e un peu plus court que le 1er ; le 3e dépasse les deux précédents pris ensemble. *Ongles* simples.

Habitat. Cette espèce paraît commune dans toute l'Europe, jusqu'aux régions caucasiques et en Arménie ; il est probable qu'elle est cosmopolite. J'en ai vu des exemplaires provenant des contrées les plus diverses de notre territoire. En Corse, on la prend sur les tamarix et sur plusieurs autres plantes. Perris la capturait abondamment en secouant des fagots de branches de chêne et de châtaignier qui avaient conservé leur feuillage.

Obs. Par suite de sa diffusion sous des climats très divers, la *M. transversalis* est soumise à de nombreuses variations qui ont donné lieu aux descripteurs de se méprendre sur la valeur des formes observées. Aussi, comme on l'a vu plus haut, la liste synonymique est-elle fort longue.

Le type, décrit par Gyllenhal, est de petite taille, et sa coloration est entièrement d'un brun noirâtre. La *M. brevicollis* Mannerh., avec la même coloration, a le pronotum un peu plus densément ponctué, et les élytres sensiblement rugueuses. La *M. hortensis* Mannerh. est également de couleur sombre, mais ses élytres plus claires ont la suture rembrunie ; sa taille est un peu plus forte. La *M. suturalis* Mannerh. est représentée par des échantillons plus grands, d'un rouge ferrugineux, à suture élytrale noire, dont le pronotum offre les traces d'une fovéole antéscutellaire. La *M. crocata* Mannerh. est entièrement ferrugineuse, et l'impression postérieure du corselet est interrompue au milieu. La *M. taurica* Mannerh. a une petite taille, une coloration claire, et les intervalles des élytres moins ruguleux. Les *M. curticollis* Mannerh. et *maura* Motsch. ne sont que des individus plus grands et entièrement roux ferrugineux, chez lesquels la suture des élytres est parfois rembrunie. La *M. pallens* Mannerh. est formée par des échantillons de couleur pâle, ayant l'impression prothoracique plus ou moins oblitérée (1). La *M. Wollastoni* Waterh., dont

(1) Motschulsky regarde cette espèce comme ayant la massue antennaire bi-articulée (ce qui n'est pas exact), et il la range pour ce motif parmi les *Cortilena* (Bull. Mosc. 1867, I, pag. 95-96), genre établi principalement sur cette particularité, à laquelle on ne peut certainement accorder ici une valeur générique.

j'ai reçu d'Angleterre un exemplaire qui correspond très exactement à la description, est un insecte assez grand, d'un brun de poix avec les élytres plus claires, rembrunies à la suture et à la marge latérale ; c'est à bon droit qu'elle a été réunie à la *M. transversalis.* La *M. albipilis* Reitter, que l'auteur lui-même a reconnu être une variété de l'espèce actuelle, diffère du type seulement parce qu'elle est couverte de poils fins, blanchâtres, presque en forme de squamules, formant sur les élytres des séries assez serrées. Il faut en dire autant de la *M. sericea* Mannerh. qui lui ressemble beaucoup, mais dont le prothorax est plus fortement transverse, et à peine imprimé au-devant de la base. Enfin la *M. moraviaca* Reitter a été fondée sur de grands exemplaires obscurs, dont le corselet est plus fortement dilaté-arrondi avant le milieu ; l'auteur admet de même qu'elle doit être réunie aux précédentes.

L'espèce appartient à la section caractérisée par des yeux non contigus au bord antérieur du corselet, par les tibias antérieurs simples dans les 2 sexes, et par la présence constante de deux lignes abdominales obliques, qui partent de l'insertion des hanches postérieures ; mais l'échancrure en angle obtus que la saillie intercoxale fait au métasternum, et la massue antennaire composée de trois articles, la distinguent aisément de la *M. fuscipennis.* Plus voisine de la *M. distinguenda*, on la reconnaîtra surtout à la forme du prothorax, dont le bord latéral est plus ou moins sensiblement arrondi, au lieu de former un angle vers le milieu ; la ponctuation du pronotum est aussi un peu écartée, et les antennes ont la massue généralement obscure, sauf dans quelques variétés. M. H. Brisout de Barneville ajoute que les intervalles des stries sont pointillés en séries obsolètement, tandis qu'ils sont imponctués chez la *M. distinguenda.* J'avoue n'avoir pu saisir cette différence : la pubescence sériale qui recouvre les élytres me paraît émerger toujours du fond des points, et ceux-ci sont plus ou moins marqués suivant les individus.

2. **Melanophthalma distinguenda**, Comolli.

Ovale-oblongue, un peu convexe, couverte d'une pubescence couchée assez longue. Tête, corselet, antennes entières, et pattes d'un rouge ferrugineux, élytres d'un noir brun ; (parfois unicolore, soit testacée, soit brune). Massue antennaire composée de trois articles. Yeux non contigus au bord antérieur du corselet. Front à ponctuation assez forte et plus ou moins serrée. Pronotum transverse, distinctement anguleux vers le milieu de ses côtés, beaucoup plus étroit que les élytres à sa base, à angles postérieurs obtus ou presque droits, chagriné et ponctué assez finement et densément, avec une impression ante-basale assez profonde surtout latéralement. Élytres d'ordinaire assez légèrement striées-ponctuées, avec les intervalles étroits, un peu élevés, paraissant pointillés en séries. Métasternum émarginé en angle obtus par la saillie intercoxale. Premier arceau ventral marqué de deux lignes longitudinales obliques. Tibias antérieurs simples dans les deux sexes.

♂ *Dernier article* des tarses antérieurs armé en dessous vers le milieu d'une dent épineuse assez forte.

♀ *Tarses antérieurs* à dernier article simple.

Long. : 0m0015 à 0m002 (2/3 à 9/10 lign.); — larg. : 0m0006 à 0m0008 (2/7 à 3/10 lign.)

Lathridius distinguendus, Comolli, Coleopt. Novoc., pag. 38, n. 80.
Corticaria distinguenda Mannerheim, in Germ. Zeitschr., V, pag. 61, n. 57. — Redtenbacher, Faun austr., 3e édit., pag. 424. — H. Brisout de Barneville, Ann. Soc. ent. Fr., 1881, pag. 409, n. 36.
Melanophthalma distinguenda, Motschulsky, Bull. Mosc., 1866, III, pag. 282. — Reitter, Stett. Ent. Zeit. 1875, pag. 438.
Corticaria pusilla, Melsheimer (nec Mannerheim), Proceed. Acad. Phil. 1844, pag. 116.
Corticaria angulosa, Motschulsky, Bull. Mosc., 1849, III, pag. 90, n. 85.
Corticaria parvicollis, Mannerheim, in Germ. Zeitschr. V, pag. 62, n. 59.
Corticaria pumila, Le Conte, Proceed. Acad. Phil., 1855, pag. 302, n. 21.
Corticaria angulata, Wollaston, Cat. Can , 1864, pag. 148.

Corps en ovale oblong, un peu convexe, couvert d'une pubescence assez longue, cendrée, couchée sur les élytres ; de coloration assez variable ; ordinairement tête et corselet d'un rouge ferrugineux, avec les élytres d'un brun plus ou moins noir, et les antennes entières ainsi que les pattes d'un rouge ferrugineux ou d'un testacé pâle ; parfois presque unicolore testacé, ou brun.

Tête à peu près aussi longue que large, transversale dans sa partie comprise entre les antennes et le corselet, aussi large (y compris les yeux) que le bord antérieur de celui-ci, un peu inclinée en avant, légèrement resserrée et marquée d'un sillon transverse en arrière des yeux ;

offrant une ponctuation assez forte et plus ou moins serrée, tantôt sur sa surface qui est assez unie et subconvexe, tantôt le long des yeux seulement et obsolète sur le milieu du front. *Épistome* transverse, rétréci à la base par l'insertion antennaire, situé sur le même plan que le front, dont il est séparé par une suture plus ou moins distincte. *Labre* large, court, transverse, dilaté et arrondi sur les côtés, avec le bord antérieur à peine distinctement émarginé.

Antennes peu robustes, insérées en dessus à l'angle antérieur du front, égalant environ la longueur de la tête et du corselet, composées de 11 articles : le 1er très renflé, orbiculaire ; le 2e moins épais et un peu moins long que le précédent, subcylindrique ; les 3e à 8e assez minces, plus longs que larges, mais diminuant graduellement de longueur ; la massue commence manifestement au 9e article, qui est obconique, moitié plus allongé que le 8e, et beaucoup plus dilaté que lui au sommet ; le 10e article est obconique, subégal au précédent et encore plus épais ; le 11e, aussi gros que le 10e, est en ovale allongé, sans toutefois égaler les deux précédents pris ensemble.

Yeux arrondis, proéminents, occupant plus de la moitié du bord latéral de la tête à partir de l'insertion antennaire ; séparés du corselet par un léger intervalle, les tempes formant comme une sorte de tubercule surmonté d'un petit bouquet de poils.

Pronotum court, plus ou moins transverse, beaucoup moins large que les élytres, coupé droit en devant et à la base, avec les angles antérieurs obtus, mais distincts ; côtés non marginés, très faiblement crénelés et ciliés, formant vers le milieu un angle plus ou moins sensible, un peu plus rétrécis en devant qu'à la base, où les angles sont obtus et viennent tomber sur la base des élytres entre la 4e et la 5e strie ; la surface est chagrinée et ponctuée assez finement et pas très densément ; au devant de la base, une impression transversale, assez profonde surtout des deux ctôés, continuée jusqu'au bord latéral.

Écusson très apparent, tout à fait transversal.

Élytres en ovale oblong, un peu convexes, légèrement arrondies aux angles huméraux, avec le calus à peine saillant, très faiblement dilatées sous l'épaule, un peu courbées sur les côtés, s'arrondissant ensemble à l'extrémité et laissant parfois à découvert une portion du pygidium ; striées-ponctuées de 8 séries de points plus ou moins forts ; intervalles pas très larges, parfois finement pointillés en séries, un peu élevés antérieurement ; repli épipleural médiocre, peu à peu rétréci avec le contour de l'élytre, et réduit à une tranche vers le 4e segment abdominal.

Prosternum en angle très obtus au devant des hanches antérieures, orné en avant et le long du bord d'une ligne de points plus ou moins marqués ; une autre rangée de points plus nette trace de chaque côté un sillon anté-coxal.

Mésosternum uni, environ de la largeur du trochanter médian, prolongé jusqu'au milieu des hanches, et séparé du métasternum par un sillon.

Métasternum beaucoup plus allongé que le mésosternum, subégal au 1er arceau du ventre, à peine marqué au milieu du bord postérieur d'une dépression fovéiforme, qui est même souvent complètement obsolète ; triangulairement émarginé en cet endroit par la saillie intercoxale de l'abdomen, un peu bombé avant le sillon qui longe les hanches postérieures ; parsemé, surtout latéralement, de points plus ou moins enfoncés.

Abdomen de 6 segments : le 1er plus long que les 2 suivants réunis, s'avançant en pointe arrondie entre les hanches postérieures et orné, à partir de celles-ci, de deux lignes longitudinales obliques qui tantôt atteignent presque le bord du 2e arceau, et tantôt ne l'atteignent pas ; [illegible]ois segments suivants sont courts, subégaux ; le 5e est un peu plus long que le 4e ; il est suivi d'un 6e segment transversal, souvent difficile à percevoir au milieu de la pubescence apicale qui est plus épaisse et forme une sorte de houppe.

Hanches antérieures en cône arrondi, contiguës ; les médianes, globuleuses, sont séparées par la plaque mésosternale qui égale environ la largeur de l'une d'elles ; les postérieures, transversales, sont au moins deux fois aussi distantes que les intermédiaires.

Cuisses assez robustes. *Tibias* presque linéaires, simples dans les deux sexes (1). *Tarses* ayant leurs deux premiers articles linéaires, faiblement allongés (le 2e un peu moins que le 1er) ; le 3e dépasse les deux précédents pris ensemble. Chez le ♂, le dernier article des tarses antérieurs est armé en dessous vers le milieu d'une dent épineuse assez forte. *Ongles* simples.

Habitat. Comme la précédente, cette espèce est commune partout, et on la rencontre sur les différents points du globe, aussi bien en Afrique

(1) Je crois cependant avoir constaté, sur des exemplaires bien frais, que le rebord apical interne des tibias antérieurs du ♂ est hérissé d'une touffe de longs poils d'un blanc argenté.

(Algérie) et en Asie (Syrie) que dans l'Amérique du Nord (Etats-Unis), d'où j'en ai reçu plusieurs exemplaires sous le nom de *pumila* Le Conte. Sur notre territoire, elle paraît vivre de préférence là où croissent les genêts et les ajoncs. En Corse, je l'ai souvent capturée dans les détritus de toute sorte qui s'accumulent au pied des cistes, et M. Revelière l'a prise abondamment sur le pin maritime et sur le *quercus ilex*. Je soupçonne qu'elle recherche ces végétaux d'essence si diverse principalement pour y déposer ses œufs parmi les productions cryptogamiques, dont les larves doivent faire leur nourriture. Il serait à désirer que ce soupçon fût confirmé par une observation directe.

Obs. Les *Corticaria angulosa*, *parvicollis* et *angulata*, que j'ai citées en synonymie, ont été manifestement établies sur des variations plus ou moins sensibles de coloration, dont l'inconstance empêche de tenir compte. Au premier abord, on pourrait croire que la *Corticaria pumila* Le Conte (*pusilla* Melsh.) est spécifiquement distincte de notre *M. distinguenda;* mais, bien que sa forme soit légèrement plus allongée que celle de nos exemplaires européens, elle s'accorde avec ceux-ci dans tous les caractères essentiels.

Grâce à l'armature qui existe en dessous du dernier article de ses tarses antérieurs, le ♂ se distingue aisément de toutes les autres espèces du genre. La ♀ ressemble beaucoup à la *M. transversalis;* mais on la reconnaît à l'angle obtus que forment les bords latéraux du pronotum. Ici encore, les antennes sont toujours entièrement ferrugineuses, la pubescence des élytres est un peu plus longue, la ponctuation du corselet est plus fine et un peu plus serrée ; et, lorsque la coloration est normale, il est impossible de la confondre avec la *M. transversalis*. Comme cette dernière, elle diffère de la *M. fuscipennis* par la massue antennaire triarticulée et par la forme de l'échancrure métasternale.

3. Melanophthalma fuscipennis, Mannerheim.

Ovale, assez courte, convexe, couverte d'une fine pubescence couchée. Tête, corselet, antennes et pattes d'un roux testacé, élytres d'un noir brun ou d'un brun de poix; (rarement en entier d'un rouge ferrugineux). Massue antennaire de deux articles seulement. Yeux non contigus au bord antérieur du corselet. Front parsemé de quelques gros points peu enfoncés.

Pronotum transverse, très légèrement arrondi sur les côtés, beaucoup plus étroit que les élytres à sa base, à angles postérieurs presque droits, chagriné, à ponctuation peu serrée, avec une impression anté-basale très faible, souvent même oblitérée. Élytres à stries ponctuées peu densément, un peu plus fortement à la base et sur les côtés, avec les intervalles subconvexes, assez larges, indistinctement pointillés. Métasternum échancré en arc par la saillie intercoxale. Premier arceau ventral marqué de deux lignes longitudinales obliques. Tibias et tarses antérieurs simples dans les deux sexes.

Long. : 0m001 à 0m0015 (1/2 à 2/3 lign.); — larg. : 0m0005 à 0m0007 (1/4 à 1/3 lign.).

Corticaria fuscipennis, MANNERHEIM, in Germ. Zeitschr. V, pag. 62, n. 58. — H. BRISOUT DE BARNEVILLE, Ann. Soc. ent. Fr., 1881, pag. 410, n. 37.
Melanophthalma fuscipennis, REITTER, Stett. ent. Zeit. 1875, pag. 438.
Melanophthalma algirina, MOTSCHULSKY, Bull. Mosc., 1866, III, pag. 273.

Corps en ovale assez court, convexe, couvert d'une courte pubescence cendrée, couchée sur les élytres; brun de poix ou noir brun avec la tête, le corselet, les antennes et les pattes d'un rouge ferrugineux ; rarement en entier de cette dernière couleur.

Tête à peu près aussi longue que large, transversale dans sa partie comprise entre les antennes et le corselet, à peine aussi large (y compris les yeux) que le bord antérieur de celui-ci, un peu inclinée en avant ; légèrement resserrée et marquée d'un sillon transverse en arrière des yeux, offrant quelques gros points superficiels sur la surface qui est assez unie. *Épistome* transverse, rétréci à la base, situé sur le même plan que le front, dont il est séparé par une ligne droite aboutissant de chaque côté à l'insertion antennaire. *Labre* large, court, transverse, dilaté-arrondi sur les côtés, avec le bord antérieur faiblement émarginé.

Antennes peu robustes, insérées en dessus à l'angle antérieur du front, égalant environ la longueur de la tête et du corselet, composées de 11 articles : le 1er très renflé, subcylindrique; le 2e un peu moins épais et plus court que le précédent, subglobuleux ; les 3e à 9e notablement plus minces, subcylindriques, décroissant graduellement de longueur, de sorte que le dernier est à peine plus long que large ; la massue composée seulement des articles 10e et 11e, qui sont à peu près de même épaisseur, mais le pénultième est subcylindrique, plus long que large, et le dernier est subovalaire et encore plus allongé.

Yeux arrondis, proéminents, occupant plus de la moitié du bord latéral de la tête à partir de l'insertion antennaire, séparés du corselet par un léger intervalle, les tempes formant comme une sorte de tubercule surmonté d'un petit bouquet de poils.

Pronotum fortement transverse, beaucoup moins large que les élytres, coupé droit en devant et à la base, avec les angles antérieurs émoussés, indistincts, côtés légèrement dilatés-arrondis, non marginés, faiblement crénelés et ciliés (la crénelure les faisant parfois paraître comme subangulés au milieu), un peu plus rétrécis en avant qu'en arrière, avec les angles postérieurs presque droits, et tombant sur la base des étuis vis-à-vis de la 5e strie ; la surface est parsemée de points distincts (moins forts toutefois que ceux des stries élytrales), au milieu d'un guillochis très apparent à la loupe ; la plupart des exemplaires n'offrent au devant de la base qu'une impression transversale très obsolète, et même assez souvent complètement indistincte.

Écusson très apparent, transversal.

Élytres brièvement ovales, convexes, légèrement arrondies aux angles huméraux, très faiblement dilatées sous l'épaule, peu courbées sur les côtés, s'arrondissant ensemble vers l'extrémité où elles sont subtronquées et laissent apercevoir une partie du pygidium, striées-ponctuées de 8 séries de points peu serrés, pas très profonds, mieux marqués à la base, s'oblitérant vers l'extrémité ; les rangées latérales sont un peu plus fortes ; les intervalles sont assez larges, planiuscules (sauf les latéraux qui paraissent subconvexes), indistinctement pointillés, mais ornés de séries de petits poils couchés comme ceux des stries ; repli épipleural médiocre, peu à peu rétréci avec le contour de l'élytre et réduit à une tranche vers le 4e arceau ventral.

Prosternum formant au-devant des hanches antérieures un triangle dont la pointe s'avance presque jusqu'au milieu de celles-ci ; propleures et devant du sternum parsemés de points assez gros, mais peu enfoncés.

Mésosternum uni, à peu près aussi long que le prosternum, s'avançant jusqu'au milieu des hanches.

Métasternum plus allongé que le mésosternum, à peine plus court que le 1er arceau du ventre, orné au milieu, dans son quart postérieur, d'une fossette sulciforme plus ou moins marquée, souvent remplacée par une légère dépression que bordent deux ou trois points disposés en lignes parallèles; arcuément subémarginé en cet endroit par la saillie intercoxale de l'abdomen ; un peu bombé au-devant des hanches postérieures ; parsemé, surtout latéralement, de points assez gros, mais peu enfoncés.

Abdomen de 6 segments : le 1er plus long que les deux suivants réunis, à saillie intercoxale arquée en devant, couvert d'un guillochis très fin, orné de deux lignes longitudinales obliques qui n'atteignent pas le 2e arceau; les 3 segments suivants sont courts, subégaux ; le 5e est à peine plus long que le précédent, et suivi d'un 6e segment transversal très petit ; au milieu de la pubescence plus touffue qui recouvre les deux derniers arceaux on distingue souvent une petite incision ou échancrure longitudinale médiane du bord apical, c'est probablement un apanage du sexe mâle.

Hanches antérieures arrondies, subcontiguës ; les médianes, de même forme, sont séparées par la plaque mésosternale qui égale au moins la largeur de l'une d'elles ; les postérieures, transversales, sont au moins deux fois aussi distantes que les intermédiaires.

Cuisses assez robustes. *Tibias* presque linéaires, simples dans les deux sexes ; cependant les antérieurs paraissent un peu émarginés et ciliés au tiers apical de leur tranche postéro-externe. *Tarses* ayant leurs deux premiers articles faiblement allongés, subégaux ; le 3e dépasse les deux précédents pris ensemble. *Ongles* simples.

Habitat. Cette jolie petite espèce est méridionale. On la rencontre sous les détritus et particulièrement sous le foin décomposé, depuis le Sud-Ouest (Landes et Hautes-Pyrénées) jusqu'au Sud-Est (Var et Alpes-Maritimes), tout le long du littoral méditerranéen (Collioure, Cette, Marseille, etc.). J'en ai vu aussi des exemplaires d'Espagne, d'Algérie, de Corse, d'Italie (Naples) et de Hongrie méridionale. Motschulsky l'indique également d'Egypte.

Obs. Quoique ressemblant beaucoup à certains exemplaires normalement colorés de la *M. distinguenda*, elle est d'un rouge ferrugineux plus vif sur la tête et le corselet, et ses élytres sont plus obscures. Le corps est partout un peu plus convexe, la pubescence est plus courte et plus fine, le pronotum est simplement subarrondi sur les côtés, et l'impression antébasilaire est à peine marquée ou même complètement indistincte; enfin les étuis sont en ovale plus court. Mais le trait principal (non observé jusqu'ici ou du moins passé sous silence par tous les auteurs), qui la distingue des espèces précédentes et de toutes ses congénères européennes sans exception, consiste dans la massue antennaire bi-articulée. C'est la reproduction parmi les Corticariaires de ce qu'on a vu chez les *Lathridius*, où les antennes ont une massue composée tantôt de deux, tantôt de trois articles, sans que ce caractère ait une valeur générique.

Faut-il pour cela supprimer purement et simplement le genre *Cortilena* Motsch., qui est insuffisamment différencié d'avec le genre actuel ? J'incline à le croire. Comme je l'ai dit plus haut, la *Cortilena pallens* n'est qu'un synonyme de *M. transversalis*. Quant aux trois espèces de l'Amérique du Nord (*simplex* et *picta* Le Conte, *nigripennis* Motsch.), je ne les connais point en nature ; mais, d'après leurs descriptions, elles semblent avoir beaucoup d'affinité avec l'espèce présente, auprès de laquelle je pense qu'elles doivent venir se ranger. Il appartient aux entomologistes américains de confirmer cette opinion, en constatant si elles possèdent en effet les caractères propres au premier groupe des *Melanophthalma*.

Motschulsky paraît avoir confondu la *M. fuscipennis* avec une espèce de la section suivante, qui offre souvent une coloration pareille et se rencontre aussi dans les régions méridionales : il la cite parmi les *Corticaria* vraies, auprès des *C. fuscula* et *fulvipes*, qui appartiennent certainement au genre *Melanophthalma*, mais qui doivent être attribuées à la deuxième division. La description détaillée de Mannerheim ne laisse aucun doute sur l'application qui en est faite à l'espèce actuelle, et la *M. algirina* de Motschulsky tombe en synonymie.

4. **Melanophthalma gibbosa**, Herbst.

Ovale, courte, convexe, couverte d'une courte pubescence couchée ; brune ou d'un ferrugineux obscur, avec les pattes et les antennes testacées. Massue de celles-ci rembrunie, composée de trois articles. Yeux contigus au bord antérieur du corselet. Front fortement et densément ponctué. Pronotum presque aussi long que large, deux fois plus étroit que les élytres; un peu arrondi latéralement avant le milieu, à angles postérieurs obtus subarrondis, chagriné et ponctué profondément et très serré, avec une impression transverse un peu arquée et atteignant presque les bords, située peu après le milieu (parfois une faible fovéole longitudinale anté-scutellaire. Élytres assez profondément striées-ponctuées, avec les intervalles étroits, plus ou moins finement pointillés en séries, et parfois transversalement ruguleux. Métasternum tronqué droit entre les hanches postérieures. Pas de lignes longitudinales obliques sur le 1er arceau ventral.

♂ *Tibias antérieurs* arqués, pourvus à leur face postéro-interne d'une dent épineuse située environ au quart apical. *Trochanters* antérieurs ornés d'une légère saillie denticuliforme. *Premier article* des tarses antérieurs fortement dilaté.

♀ *Tibias et trochanters antérieurs* simples. *Premier article* des tarses antérieurs linéaire.

Long. : 0m001 à 0m0014 (1/2 à 2/3 lign.); — larg. : 0m0004 à 0m0005 (1/6 à 1/4 lign.).

Lathridius gibbosus, HERBST, Col. V, pag. 5, n. 2; pl. 44, fig. 2. — GYLLENHAL, Ins. Suec. IV, pag. 132, n. 10.
Dermestes gibbosus, PAYKULL, Faun. Suec. I, pag. 301, n. 32.
Dermestes minutus, FABRICIUS, Ent. Syst. I, pag. 235, n. 42 (ex Mannerheim et Seidlitz).
Corticaria gibbosa, MANNERHEIM, in Germ. Zeitschr. V, pag. 49, n. 40. — WATERHOUSE, Trans. ent. Soc. London V, pag. 142, n. 9. — THOMSON, Skand. Coleopt. V, pag. 235, n. 14. — REDTENBACHER, Faun. Austr. 3e édit. pag. 423. — SEIDLITZ, Faun. baltica, pag. 170. — H. BRISOUT DE BARNEVILLE, Ann. Soc. ent. Fr., 1881, pag. 406, n. 32.
Corticaria impressa, MARSHAM, Ent. Brit. I, pag. 410, n. 11.
Corticaria tenella, WOLLASTON, Cat. Canar. 1864, pag. 150.
Melanophthalma cylindricollis, MOTSCHULSKY, Bull. Mosc. 1866, III, pag. 289.
Corticaria delicatula, WOLLASTON, Trans. Soc. ent. London, 1871, pag. 252.
Melanophthalma gibbosa, REITTER, Stett. ent. Zeit. 1875, pag. 433.

Corps en ovale assez convexe; couvert d'une courte pubescence cendrée, couchée sur les élytres; brun ou ferrugineux obscur, avec les antennes et les pattes testacées; la massue antennaire est presque toujours rembrunie.

Tête plus large que longue, à peine moins large (y compris les yeux) que le bord antérieur du corselet, un peu inclinée en avant, fortement et densément ponctuée sur toute sa surface, et marquée d'un sillon transverse en arrière des yeux. *Épistome* réduit à une bande transversale resserrée à la base entre l'insertion des antennes, situé sur le même plan que le front, et séparé de celui-ci par une suture obsolète et indistincte. *Labre* large, court, transverse, un peu dilaté et arrondi sur les côtés, avec le bord antérieur faiblement émarginé.

Antennes peu robustes, insérées en dessus à l'angle antérieur du front, n'égalant pas la longueur de la tête et du corselet (si ce n'est dans quelques individus à prothorax très court); composées de 11 articles : le 1er très renflé, orbiculaire; le 2e beaucoup moins épais et un peu plus court que le précédent, subcylindrique; le 3e et les suivants jusqu'à la massue assez minces, diminuant peu à peu de longueur, tous plus longs que larges; massue commençant manifestement au 9e article qui est obconique, moitié plus allongé que le 8e, et environ deux fois plus épais que lui au sommet; le 10e est presque carré, aussi long que le précédent mais un peu plus épais; le 11e est en ovale allongé, encore un peu plus dilaté que le pénultième, environ une fois et demie aussi long que large.

Yeux arrondis, proéminents, occupant plus des deux tiers du bord latéral de la tête à partir de l'insertion antennaire, contigus au bord antérieur du corselet.

Pronotum d'ordinaire aussi long que large (parfois un peu plus court), environ deux fois moins large que les élytres; coupé à peu près droit en avant et en arrière, avec les angles antérieurs émoussés, indistincts; côtés plus ou moins arrondis antérieurement, de sorte que la plus grande largeur est un peu avant le milieu (paraissant parfois subanguleux en cet endroit), non marginés, faiblement crénelés et ciliés, un peu plus rétrécis en avant qu'en arrière, avec les angles postérieurs obtus, subarrondis et tombant sur la base des étuis entre la 4e et la 5e strie; la surface est couverte d'une ponctuation très forte et serrée comme celle du front; au-devant de la base, et ordinairement assez distante de celle-ci, se trouve une impression transverse, arquée, plus profonde de chaque côté et atteignant presque les bords; chez un grand nombre d'exemplaires, on distingue au milieu de cette impression une fovéole longitudinale.

Écusson très apparent, presque en demi-cercle.

Élytres en ovale court, convexes, légèrement arrondies aux angles huméraux avec le calus un peu saillant, très faiblement dilatées sous l'épaule, un peu courbées sur les côtés, s'arrondissant ensemble à l'extrémité où elles sont subtronquées et laissent parfois à découvert une partie du pygidium; assez profondément striées-ponctuées de 8 stries de points; intervalles paraissant à un certain jour transversalement rugueux, finement pointillés en lignes, dont les points sont ordinairement un peu plus faibles, mais quelquefois presque aussi forts que ceux des stries; repli épipleural médiocre, peu à peu rétréci avec le contour de l'élytre, et réduit à une tranche vers l'extrémité du 4e arceau ventral.

Prosternum en angle très obtus au-devant des hanches antérieures, offrant en devant et tout à fait le long du bord une ligne de points plus ou moins enfoncés; sur les flancs de chaque côté une autre ligne mieux marquée, antécoxale.

Mésosternum uni, à peu près de la largeur du trochanter médian, s'avançant jusqu'après le milieu des hanches intermédiaires, et séparé du métasternum en cet endroit par une suture transverse.

Métasternum beaucoup plus allongé que le mésosternum, à peine moins long que le 1er arceau ventral, presque toujours nettement marqué dans sa moitié postérieure d'une dépression longitudinale sulciforme (celle-ci néanmoins s'oblitère quelquefois, et, à ce qu'il m'a semblé, principalement chez les ♀); tronqué à peu près droit au bord postérieur, au milieu duquel on distingue assez rarement une toute petite échancrure; légèrement bombé avant le sillon qui longe les hanches; parsemé, surtout sur les côtés, de quelques points pas très forts, plus ou moins enfoncés.

Abdomen ponctué finement et très écarté, de 6 segments bien distincts chez le ♂; mais chez la ♀, le 6e est fort petit, et on peut à peine le distinguer au milieu de la pubescence : le 1er arceau égalant les 2 suivants pris ensemble, dépourvu de lignes longitudinales obliques, avec la saillie intercoxale tronquée droit en avant; les 3 segments suivants sont courts, subégaux; le 5e est un peu plus long que le 4e, légèrement fovéolé et couvert d'une pubescence soyeuse assez dense.

Hanches antérieures en cône arrondi, contiguës, leurs trochanters formant, chez le ♂, une légère saillie dentiforme; les médianes arrondies sont séparées par la lame mésosternale ; les postérieures transversales sont au moins 2 fois aussi distantes que les intermédiaires.

Cuisses assez robustes. *Tibias* presque linéaires, simples, hormis les antérieurs du ♂ qui sont arqués, et dont le côté interne est armé d'une dent épineuse située vers les deux tiers de la longueur. *Tarses* à 1er article un peu plus allongé que le 2e; le 3e est plus long que les 2 précédents pris ensemble; chez le ♂, le 1er article des tarses antérieurs est fortement dilaté. *Ongles* simples.

HABITAT. Extrêmement commune sous les détritus en France et dans toute l'Europe, cette espèce semble être cosmopolite. M. Revelière l'a capturée en Corse sur l'*Alnus glutinosa*. J'en ai vu dans la collection de

M. Ancey, de Marseille, quelques exemplaires provenant du Japon. M. Reitter l'indique également de Chine. Elle vit aussi aux Canaries, et il est vraisemblable que son aire de diffusion s'étend jusqu'au Nouveau-Monde. M. Sharp en possède des échantillons recueillis à Aukland (Nouvelle-Zélande).

Obs. Avec la *M. gibbosa* commence une nouvelle division, caractérisée par des yeux contigus au bord antérieur du corselet, par un métasternum tronqué droit entre les hanches postérieures, par l'armature des tibias antérieurs du ♂, et par l'absence des lignes obliques longitudinales qui ornent les premiers arceaux du ventre chez les espèces de la section précédente. Cependant elle se rattache à celle-ci par plusieurs détails de sa structure, notamment par l'étroitesse de son prothorax et par l'impression anté-basale qui s'étend jusqu'aux bords latéraux. Elle rappelle aussi les *Corticaria* proprement dites par le sillon longitudinal médian du métasternum qui est mieux marqué et plus allongé que chez aucune autre *Melanophthalma*. Mais j'ai cru devoir la placer ici plutôt qu'en tête du genre, afin de constater ses affinités essentielles. Elle est en effet très voisine de la *M. similata* ; cependant elle ne peut être confondue ni avec elle ni avec les espèces suivantes, à cause de sa tête fortement et densément ponctuée, de son corselet sensiblement plus étroit, n'offrant jamais de fossette transverse au-devant de l'écusson (bien qu'on y distingue quelquefois une légère fovéole longitudinale) ; en outre, l'armature des tibias antérieurs du ♂ est située plus bas, c'est-à-dire vers le quart apical, et les trochanters antérieurs offrent dans le même sexe, une légère saillie denticuliforme.

Il n'est pas rare de rencontrer des individus chez lesquels les bords latéraux du pronotum sont à peine arrondis, presque parallèles : cette forme se rapporte complètement à la *M. cylindricollis* de Motschulsky, qui était déjà citée par Mannerheim comme une simple variété de l'espèce actuelle. D'après les auteurs indiqués plus haut, il faut également y rattacher le *Dermestes minutus* Fabr., et la *Corticaria impressa* Marsh. La *Corticaria tenella* Woll. (*delicatula* Woll.) ne présente aucun caractère qui autorise une séparation spécifique.

La larve et la nymphe de la *M. gibbosa* ont été rencontrées par Perris dans une tête d'artichaut, dont on avait laissé mûrir les graines ; notre regretté collègue les a soigneusement décrites dans son dernier ouvrage (Larves de Coléoptères, pag. 80-82).

5. Melanophthalma similata, Gyllenhal.

Ovale, courte, convexe, couverte d'une courte pubescence couchée; d'un brun ferrugineux plus ou moins clair, avec les antennes et les pattes testacées. Massue antennaire tri-articulée, parfois rembrunie. Yeux contigus au bord antérieur du corselet. Front ponctué finement et obsolètement. Pronotum à peine plus large que long, beaucoup plus étroit que les élytres à sa base, légèrement arrondi sur les côtés, à angles postérieurs obtus mais distinctement acuminés; chagriné et ponctué assez serré, avec 3 fossettes à la base, la médiane transversale peu profonde, les latérales faibles (parfois obsolètes) situées obliquement près des angles postérieurs. Elytres profondément ponctuées-striées, avec les intervalles étroits, subcostiformes, presque imponctués, transversalement ruguleux. Métasternum tronqué droit entre les hanches postérieures. Pas de lignes longitudinales obliques sur le premier arceau ventral. Premier article des tarses dilaté dans les deux sexes.

♂ *Tibias antérieurs* pourvus à leur face postéro-interne d'une dent épineuse située un peu après le milieu.

♀ *Tibias antérieurs* simples.

Long. : 0m001 à 0m0015 (1/2 à 2/3 lign.); — larg. : 0m0004 à 0m0006 (1/6 à 2/7 lign.).

Lathridius similatus, Gyllenhal, Ins. Suec. IV, pag. 134, n. 13.
Corticaria similata, Mannerheim, in Germ. Zeitschr. V, pag. 56, n. 49. — Thomson, Skand. Col. V, pag. 236, n. 16. — Redtenbacher, Faun. austr. 3e édit. pag. 423. Seidlitz, Faun. balt. pag. 170. — H. Brisout de Barneville, Ann. Soc. Ent. Fr. 1881, pag. 407, n. 33.
Corticaria parvula, Mannerheim, in Germ. Zeitschr. V, pag. 54, n. 47.
Corticaria subtilis, Mannerheim, loc. cit. pag. 57, n. 51.
Melanophthalma similata, Reitter, Stett. ent. Zeit. 1875, pag. 440.

Corps en ovale assez court, convexe, couvert d'une courte pubescence cendrée, couchée sur les élytres; ferrugineux ou ferrugineux obscur, avec les antennes et les pattes plus claires; la massue antennaire est parfois rembrunie.

Tête à peine aussi longue que large, moins large (y compris les yeux) que le bord antérieur du corselet, peu inclinée en avant, finement et obsolètement ponctuée, marquée transversalement d'un sillon en arrière des yeux. *Épistome* réduit à une bande transversale, resserré à la base entre l'insertion antennaire, situé sur le même plan que le front, dont il est séparé par une suture obsolète et indistincte. *Labre* large, court, transverse, un peu dilaté et arrondi sur les côtés, avec le bord antérieur faiblement émarginé.

Antennes peu robustes, insérées en dessus à l'angle antérieur du front, égalant environ la longueur de la tête et du corselet, composées de 11 articles : le 1er très renflé, orbiculaire; le 2e notablement moins épais et un peu plus court que celui-ci, subcylindrique ; les suivants jusqu'à la massue assez minces, subcylindriques, tous plus longs que larges; le 3e moins long que le 2e mais plus allongé que le 4e : celui-ci subégal aux autres du funicule; le 8e est un peu plus court et subglobuleux; massue commençant manifestement au 9e article qui est obconique ainsi que le 10e, et deux fois plus allongé, et plus épais que le 8e; le 11e est en ovale, un peu plus allongé et un peu plus épais que l'avant-dernier.

Yeux arrondis, proéminents, occupant plus des deux tiers du bord latéral de la tête à partir de l'insertion antennaire, contigus au bord antérieur du corselet.

Pronotum à peine plus large que long, subtransverse, environ deux fois moins large que les élytres, coupé à peu près droit en avant et en arrière, avec les angles antérieurs émoussés, indistincts, et les postérieurs obtus, acuminés, et tombant sur la base des étuis vers la 5e strie ; côtés assez également arrondis (un peu plus avant le milieu), non marginés, très faiblement crénelés ; la surface est couverte d'une ponctuation assez serrée, d'ordinaire plus ou moins obsolète ; au devant de la base, elle est marquée de trois fossettes, la médiane transverse assez profonde, les latérales plus faibles (parfois même obsolètes), situées un peu obliquement près des angles postérieurs et le long de la marge latérale.

Écusson très apparent, presque en demi-cercle.

Élytres en ovale court, convexe, légèrement arrondies aux angles huméraux, avec le calus un peu saillant, très faiblement dilatées sous l'épaule, un peu courbées sur les côtés, s'arrondissant ensemble à l'extrémité où elles sont un peu tronquées et laissent parfois à découvert une partie du pygidium ; profondément ponctuées-striées de 8 séries de points ; intervalles ordinairement imponctués (offrant parfois quelques points écartés en série) étroits, subconvexes ; repli épipleural pas très large, peu à peu rétréci avec le contour de l'élytre, et réduit à une tranche vers le 4e arceau ventral.

Prosternum en angle très obtus au-devant des hanches; offrant le long de son bord antérieur une ligne de points plus ou moins marqués, tandis qu'une autre ligne assez fortement enfoncée trace sur les flancs de chaque côté un sillon ou fossette anté-coxale.

Mésosternum uni, s'avançant entre les hanches médianes en lame environ aussi large que le trochanter de celles-ci, séparé du métasternum par une troncature droite.

Métasternum beaucoup plus allongé que le mésosternum, vers lequel il s'avance un peu entre les hanches médianes en angle à sommet arrondi ; aussi long que le 1er arceau ventral ; offrant dans son milieu basilaire une fossette longitudinale plus ou moins marquée, qui dépasse un peu le tiers de la longueur, parfois réduite à un simple sillon lisse, ou même presque obsolète ; tronqué droit entre les hanches postérieures ; à peine bombé sur les côtés avant le sillon antécoxal ; parsemé surtout latéralement, de quelques points pas très forts, peu enfoncés.

Abdomen de 6 segments à peu près imponctués : le 1er égalant au moins les 2 suivants réunis, dépourvu de lignes longitudinales obliques ; avec la saillie intercoxale tronquée droit en avant ; les 3 segments suivants sont courts et subégaux ; les 5e et 6e sont tantôt un peu plus allongés et presque égaux, tantôt très inégaux (1), le 5e étant plus allongé que le précédent, et suivi d'un 6e segment très court, à peine distinct au milieu de la pubescence.

Hanches antérieures en cône arrondi, saillantes en dehors des cavités cotyloïdes, contiguës ; les médianes, arrondies, sont séparées par la lame mésosternale ; les postérieures, transversales, sont au moins deux fois aussi distantes que les intermédiaires.

Cuisses assez robustes. *Tibias* presque linéaires, simples, hormis les antérieurs du ♂ qui sont armés à leur face postéro-interne d'une dent, située un peu après le milieu de la longueur, et suivie d'une faible échancrure. *Tarses* ayant leur 1er article un peu dilaté dans les deux sexes ; le 2e un peu moins allongé que le 1er ; le 3e est plus long que les deux précédents pris ensemble. *Ongles* simples.

Habitat. La *M. similata* est moins commune que les espèces précé-

(1) Cette différence est vraisemblablement sexuelle; mais le petit nombre d'exemplaires que j'ai pu examiner ne m'a pas permis de résoudre cette question avec certitude.

dentes, et on la rencontre principalement dans les régions septentrionales (Suède, Finlande, Russie boréale). Elle a été capturée en Allemagne (sur le *Prunus spinosa*, d'après Mannerheim). Elle paraît assez rare en France sous les écorces de pin et de chêne, où M. Brisout de Barneville l'a trouvée dans les environs de Paris. M. Cl. Rey l'a prise autour de Lyon, et M. Guillebeau dans le département de l'Ain. Cependant le catalogue de Munich la signale comme étant cosmopolite : je ne puis donner à cet égard de renseignements certains, si ce n'est que M. Reitter l'a reçue de Colombie.

Obs. La place de cette espèce est à côté de la *M. gibbosa*, avec laquelle elle a une très grande affinité; mais sa tête est sensiblement moins large que le corselet, finement et obsolètement ponctuée, le pronotum est un peu plus arrondi, ponctué moins fortement, et orné de 3 fossettes, dont la médiane est transverse et profonde, les élytres sont plus fortement ponctuées-striées avec les intervalles costiformes, le premier article des tarses paraît un peu dilaté dans les deux sexes, et l'armature des tibias antérieurs du ♂ est plus rapprochée du milieu.

Lorsque les 3 fossettes prothoraciques sont bien marquées, il est facile de la reconnaître au premier coup d'œil parmi les autres espèces de la seconde division, qui n'ont qu'une fovéole ou une impression obsolète antéscutellaire ; quant à la variété *trifoveolata* Redt. de la *M. fuscula*, on l'en distinguera sans peine, parce que les fossettes latérales ne sont pas disposées de la même façon : celles-ci sont en effet situées un peu obliquement près des angles postérieurs et le long des côtés chez la *M. similata*, tandis qu'elles occupent le milieu du disque chez la variété de l'espèce suivante. Mais, il arrive parfois que les fossettes latérales sont obsolètes ; alors on la distinguera de ses congénères par l'étroitesse et la longueur relative de son corselet.

Il faut rapporter à l'espèce actuelle les *Corticaria parvula* et *subtilis* de Mannerheim, qui sont basées sur des différences sans valeur, si l'on considère l'extrême variabilité de ces insectes.

Ici viendrait se placer la *M. ovalipennis* Reitter, établie sur un exemplaire pris à Saint-Moritz (Engadine) par M. von Heyden. Elles est à peu près de la taille de *M. fuscula*, bicolore en dessus (tête et prothorax rouge brun, élytres noir brun), et les élytres sont plus convexes et plus brièvement ovales ; la marge latérale du pronotum est finement déprimée et relevée. Ce dernier caractère lui est propre, et, s'il n'est pas accidentel, il permet de la séparer de toutes les autres *Melanophthalma*. Néanmoins, M. H. Brisout de Barneville, après avoir examiné le type, déclare douter un peu de la validité de l'espèce.

6. **Melanophthalma fuscula,** HUMMEL.

Ovale courte, un peu convexe, couverte d'une courte pubescence couchée; corps d'un brun obscur ou d'un rouge brun; pattes ferrugineuses, ainsi que les premiers articles des antennes. Massue de celles-ci tri-articulée, rembrunie. Yeux contigus au bord antérieur du corselet. Front finement et obsolètement ponctué. Pronotum nettement transverse, arrondi sur les côtés, à angles postérieurs obtus ou presque droits, avec un denticule saillant; chagriné et ponctué finement et densément; orné d'une fossette antéscutellaire assez profonde, en ovale transverse (et parfois de deux autres latérales allongées sur le milieu du disque, var. trifoveolata). Élytres plus larges que le prothorax, assez profondément ponctuées-striées, avec les intervalles presque imponctués, plans ou légèrement relevés et transversalement ruguleux. Métasternum tronqué droit entre les hanches postérieures. Pas de lignes longitudinales obliques sur le 1er arceau ventral.

♂ *Tibias antérieurs* armés à leur face postéro-interne d'une dent épineuse située un peu après le milieu. *Premier article* des tarses antérieurs fortement dilaté.

♀ *Tibias antérieurs* simples. *Premier article* des tarses moins fortement épaissi.

Long. : 0m0015 à 0m0018 (2/3 à 4/5 lign.) ; — larg. : 0m0006 à 0m0007 (2/7 à 1/3 lign.).

Lathridius fusculus, HUMMEL, Essais ent. III, pag. 25. — GYLLENHAL, Ins. Suec. IV, pag. 133, n. 12.

Corticaria fuscula, MANNERHEIM, in Germ. Zeitschr. V, pag. 55, n. 48. — WATERHOUSE, Trans. ent. Soc. Lond. V, pag. 144, n. 11. — THOMSON, Skand. Coleopt. V, pag. 236, n. 17. — REDTENBACHER, Faun. austr. 3e édit. pag. 423. — SEIDLITZ, Faun. balt. pag. 169. — H. BRISOUT DE BARNEVILLE, Ann. Soc. ent. Fr. 1881, pag. 411. n. 38.

Melanophthalma fuscula, REITTER, Stett. ent. Zeit. 1875, pag. 441.

Corticaria trifoveolata, REDTENBACHER, Faun. austr. 3e édit. pag. 423.

Corticaria latipennis, SAHLBERG, Faun. et Flor. Fenn. — THOMSON, Opusc. 386.

Corps en ovale court, un peu convexe, un peu brillant, couvert d'une pubescence cendrée, courte et couchée; brun sombre ou roux brun, la tête et le corselet parfois presque noirs, avec les pattes ferrugineuses ainsi que les premiers articles des antennes; la seconde moitié, ou au moins la massue de celles-ci est obscure.

Tête un peu moins longue que large, transversale dans sa partie comprise entre les antennes et le corselet, moins large (y compris les yeux) que le bord antérieur de celui-ci, à peine inclinée en avant, finement et obsolètement ponctuée, avec un sillon transversal postoculaire peu marqué. *Épistome* réduit à une bande transversale resserrée à la base par l'insertion antennaire, situé sur le même plan que le front, dont il est séparé par une suture obsolète et indistincte. *Labre* large, court, transverse, un peu dilaté et arrondi sur les côtés, avec le bord antérieur faiblement émarginé.

Antennes peu robustes, insérées en dessus à l'angle antérieur du front, égalant environ la longueur de la tête et du corselet, composées de 11 articles : le 1er très renflé, orbiculaire ; le 2e beaucoup moins épais et un peu moins long que le précédent, mais encore sensiblement plus gros que ceux du funicule qui sont assez minces, subcylindriques, et décroissent peu à peu de longueur; massue commençant au 9e article, qui est obconique, deux fois plus allongé et plus épais que le 8e ; le 10e article est aussi long que large, au moins aussi dilaté que le sommet du précédent; le 11e est en ovale allongé, de même épaisseur que le pénultième, une fois et demie aussi long que lui.

Yeux arrondis, très proéminents, occupant plus des deux tiers du bord latéral de la tête à partir de l'insertion antennaire, contigus au bord antérieur du corselet.

Pronotum court, nettement transversal, moins large que les élytres dans leur plus grande largeur, coupé à peu près droit en avant et en arrière avec les angles antérieurs émoussés, arrondis ; côtés également arrondis, non marginés, à peine crénelés, avec les angles postérieurs obtus ou presque droits, mais très distinctement acuminés, leur saillie denticuliforme paraissant sortir du dessous de la marge thoracique et tombant vis-à-vis de la 5e strie des élytres ; la surface est couverte d'une ponctuation assez fine et serrée; au-devant de la base, il existe toujours une fossette en ovale transverse, assez profonde. Chez quelques individus, outre cette fossette principale, il y en a une autre allongée de chaque côté sur le milieu du disque (var. *trifoveolata* Redt.).

Écusson très apparent, presque en demi-cercle.

Élytres en ovale court, un peu convexes, légèrement arrondies aux angles huméraux, avec le calus un peu saillant, très faiblement dilatées sous l'épaule, un peu courbées sur les côtés, s'arrondissant ensemble vers l'extrémité où elles sont subtronquées et laissent d'ordinaire à découvert une partie du pygidium ; assez profondément ponctuées-striées de 8 séries de points ; intervalles à peu près imponctués, plans ou faiblement élevés, transversalement ruguleux ; repli épipleural médiocre, graduellement rétréci avec le contour de l'élytre, et réduit à une tranche vers le 4ᵉ arceau ventral.

Prosternum en angle très obtus au-devant des hanches ; offrant une ligne de points souvent à peine marqués le long de son bord antérieur, et, sur les flancs de chaque côté, un sillon antécoxal, tracé par une rangée de points assez fortement enfoncés.

Mésosternum uni, aussi large que le trochanter médian, s'avançant entre les hanches intermédiaires jusque vers l'extrémité de celles-ci, et séparé en cet endroit du métasternum par un sillon transverse.

Métasternum beaucoup plus allongé que le segment précédent, aussi long que le 1ᵉʳ arceau du ventre ; offrant dans son milieu basilaire une fossette longitudinale plus ou moins marquée, qui dépasse un peu le tiers de la longueur (cette fossette est parfois presque oblitérée) ; tronqué droit entre les hanches postérieures, légèrement bombé sur les côtés au devant du sillon antécoxal, parsemé de points pas très forts, peu enfoncés.

Abdomen de 6 segments à peu près imponctués : le 1ᵉʳ égalant environ les 2 suivants réunis, dépourvu de lignes longitudinales obliques, avec la saillie intercoxale tronquée droit en avant ; les trois arceaux suivants sont courts et subégaux ; le 5ᵉ est plus allongé que le précédent, et il est suivi d'un 6ᵉ segment tantôt court et à peine distinct au milieu de la pubescence apicale, tantôt presque de même longueur.

Hanches antérieures en cône arrondi, très saillantes en dehors de leurs cavités cotyloïdes, contiguës ; les médianes arrondies sont séparées par la lame mésosternale ; les postérieures transversales sont au moins deux fois aussi distantes que les intermédiaires.

Cuisses assez robustes. *Tibias* presque linéaires ; les antérieurs du ♂ sont armés à leur face postéro-interne d'une dent située un peu après le milieu de la longueur, et suivie d'une légère échancrure. *Tarses* ayant tous leur premier article un peu plus épais dans les deux sexes (plus fortement dilaté aux antérieurs du ♂); le 2e est un peu moins allongé que le 1er; et le 3e est plus long que les 2 précédents pris ensemble.

HABITAT. Commune sous les détritus dans toute l'Europe, cette espèce est probablement cosmopolite, conformément à l'indication du Catalogue de Gemminger et Harold. J'en ai vu des exemplaires provenant des régions les plus diverses de notre territoire. La variété *latipennis* se rencontre plus fréquemment en Finlande.

OBS. Par son métasternum tronqué droit entre les hanches postérieures, ses yeux contigus au bord antérieur du corselet, son premier segment abdominal dépourvu de lignes obliques, ses tibias antérieurs armés chez le ♂ d'une dent épineuse, la *M. fuscula* appartient à la seconde division du genre actuel. Voisine de la *M. similata,* on la distinguera aisément à son corselet transverse fortement arrondi sur les côtés, beaucoup plus large que la tête. Ce même caractère suffirait à empêcher de la confondre avec la *M. gibbosa,* et cependant je l'ai vue ainsi étiquetée dans plusieurs collections. Cette erreur est tout à fait impossible, si l'on fait attention en outre que la ponctuation du front est fine et obsolète (au lieu d'être forte et serrée comme chez la *M. gibbosa*), qu'il existe au-devant de l'écusson une fossette transversale bien marquée et n'ayant aucune ressemblance avec l'impression prothoracique de la *M. gibbosa,* que la dent épineuse des tibias antérieurs du ♂ est plus rapprochée du milieu, etc. Il est plus difficile de la séparer des deux espèces suivantes, avec lesquelles elle partage la plupart de ces caractères; toutefois, elle est d'une taille sensiblement plus avantageuse, et sa coloration est tout à fait différente, son pronotum n'est pas deux fois aussi large que long, et ses élytres sont distinctement plus larges que le corselet dans sa plus grande largeur.

C'est sans doute par une illusion d'optique que M. Thomson a vu deux articles dilatés aux tarses antérieurs des ♂ : le premier seul est fortement épaissi, mais le second est difficile à distinguer au milieu de la pubescence assez longue qui revêt celui sur lequel il est inséré.

La *Corticaria trifoveolata* de Redtenbacher est une variété, ou plutôt une déformation accidentelle, qui se rencontre fréquemment lorsqu'on capture la *M. fuscula* en nombre : elle se reconnaît à la présence de deux fossettes accessoires, allongées sur le milieu du disque. Quant à la *Corticaria latipennis* de Sahlberg, elle est établie, d'après M. Reitter, sur des exemplaires dont les élytres ont les stries ponctuées sulciformes, et par suite les intervalles paraissent plus bombés.

7. Melanophthalma truncatella, Mannerheim.

Ovale courte, un peu convexe, couverte d'une courte pubescence couchée. Corps entièrement d'un ferrugineux pâle. Massue des antennes tri-articulée, concolore. Yeux contigus au bord antérieur du corselet. Front à ponctuation fine et serrée. Pronotum transverse, à peine moins large que les élytres dans leur plus grande largeur, arrondi sur les côtés, à angles postérieurs obtus, acuminés ; chagriné et ponctué assez finement et densément, orné au-devant de l'écusson d'une fossette arrondie ou transverse plus ou moins profonde. Elytres assez légèrement ponctuées-striées, avec les intervalles obsolètement pointillés, très légèrement relevés. Métasternum tronqué droit entre les hanches postérieures. Pas de lignes longitudinales obliques sur le premier arceau de l'abdomen.

♂ *Tibias antérieurs* armés à leur face postéro-interne d'une dent épineuse, située un peu après le milieu. *Premier article* des tarses antérieurs dilaté.

♀ *Tibias antérieurs* simples. *Premier article* des tarses antérieurs non dilaté.

Long.: $0^{m}0014$ (2/3 lign.); — larg.: $0^{m}0006$ (2/7 lign.).

Corticaria truncatella, Mannerheim, in Germ. Zeitschr. V, pag. 59, n. 54. — Thomson, Opusc. ent. fasc. IV, pag. 386. — Redtenbacher, Faun. Aust. 3e édit. pag. 423. — H. Brisout de Barneville, Ann. Soc. ent Fr. 1881, pag. 412, n. 40.
Melanophthalma truncatella, Reitter, Stett. ent. Zeit. 1875, pag. 443.

Corps en ovale court, faiblement convexe, un peu brillant ; couvert d'une fine pubescence cendrée, courte et couchée ; entièrement d'un ferrugineux pâle.

Tête moins longue que large, transversale dans sa partie comprise entre les antennes et le corselet, beaucoup moins large (y compris les yeux) que celui-ci dans sa plus grande largeur, légèrement inclinée en avant, à ponctuation fine et assez serrée, mais presque obsolète, avec un sillon transversal postoculaire peu marqué. *Epistome* réduit à une bande transversale resserrée à la base par l'insertion antennaire, situé sur le même plan que le front dont il est séparé par une suture à peine distincte. *Labre* large, court, transverse, un peu dilaté et arrondi sur les côtés, avec le bord antérieur faiblement émarginé.

Antennes peu robustes, insérées en dessus à l'angle antérieur du front, égalant presque la longueur de la tête et du corselet, composées de 11 articles : le 1er très renflé, orbiculaire ; le 2e beaucoup moins épais et un peu moins long que le 1er, mais sensiblement plus gros que ceux du funicule qui sont assez minces, subcylindriques, tous plus longs que larges, décroissant peu à peu de longueur ; le 3e est subégal au 2e, et le 8e, quoique le plus court, est encore aussi long que large ; massue commençant au 9e article qui est obconique, un peu plus long que les deux précédents pris ensemble ; le 10e article est plus long que large, et aussi dilaté que le 9e ; le 11e est en ovale allongé, aussi épais que le pénultième, et une fois et demie aussi long que lui.

Yeux arrondis, très proéminents, occupant plus des deux tiers du bord latéral de la tête à partir de l'insertion antennaire, contigus au bord antérieur du corselet.

Pronotum court, fortement transversal, à peu près de la même largeur que les élytres, coupé à peu près droit en avant et en arrière, avec les angles antérieurs arrondis, indistincts ; côtés assez également arrondis, non marginés, obsolètement crénelés, avec les angles postérieurs obtus mais munis d'une petite dent aiguë saillante, faisant face à peu près au calus huméral et à la 6e strie des élytres ; la surface est couverte d'une ponctuation assez fine et serrée, bien distincte au milieu du guillochis ordinaire ; au-devant de la base se dessine plus ou moins profondément une fossette médiane en ovale arrondi ou un peu transverse.

Écusson très apparent, transversal.

Élytres en ovale court, peu convexes, légèrement arrondies aux angles huméraux, avec le calus un peu saillant, à peine dilatées sous l'épaule, peu courbées sur les côtés, s'arrondissant ensemble à l'extrémité où elles sont tronquées et laissent d'ordinaire à découvert une partie du pygidium ; assez légèrement ponctuées-striées de 8 séries de points ; intervalles plus ou moins obsolètement pointillés, un peu élevés, surtout les extérieurs ; repli épipleural médiocre, peu à peu rétréci avec le contour de l'élytre, et réduit à une tranche vers le 4e arceau ventral.

Prosternum en angle très obtus au-devant des hanches ; offrant en arrière de celles-ci une petite saillie tuberculeuse ; une ligne de points plus ou moins marqués longe le bord antérieur ; une autre plus enfoncée trace sur les flancs de chaque côté un sillon anté-coxal.

Mésosternum uni, aussi large que le trochanter médian, s'avançant entre les hanches intermédiaires et coupé droit un peu avant leur extrémité.

Métasternum beaucoup plus allongé que le segment précédent, vers lequel il s'avance un peu en pointe, à peine aussi long que le 1er arceau du ventre, offrant dans son milieu basal des traces plus ou moins apparentes d'une dépression sulciforme lisse au milieu et ne dépassant guère le tiers de la longueur ; tronqué droit entre les hanches postérieures ; à peine bombé sur les côtés, au-devant du sillon qui longe les hanches postérieures, parsemé de points pas très forts et peu enfoncés au milieu d'un guillochis très fin.

Abdomen de 6 segments à peu près imponctués : le 1er presque égal aux 2 suivants réunis, dépourvu de lignes longitudinales obliques, avec la saillie intercoxale tronquée droit en avant ; les segments suivants sont courts et subégaux ; les deux derniers sont plus fortement pubescents.

Hanches antérieures subglobuleuses, un peu saillantes en dehors de leurs cavités cotyloïdes, contiguës ; les médianes, arrondies, sont séparées par la lame mésosternale ; les postérieures, transversales, sont environ trois fois aussi distantes que les intermédiaires.

Cuisses assez robustes. *Tibias* presque linéaires, simples, à l'exception des antérieurs du ♂ qui sont armés sur leur face postéro-interne d'une dent assez forte, située un peu après le milieu de la longueur ; à la suite de cette dent, la face interne de la jambe est un peu échancrée et revêtue de cils assez forts. *Tarses* ayant le premier article plus allongé que le 2e ; le 3e égale ou même dépasse les 2 précédents pris ensemble. Chez le ♂, le 1er article des tarses antérieurs est dilaté. *Ongles* simples.

HABITAT. On rencontre la *M. truncatella* dans toute l'Europe sous les détritus. J'en ai vu des exemplaires de Bohême, de Suisse, de France et d'Angleterre. M. Desbrochers des Loges l'a prise en automne sous des meules de blé. Elle paraît habiter les diverses régions de notre territoire.

OBS. Cet insecte, qui fait partie de la seconde division du genre actuel, est remarquable par sa coloration entièrement pâle et par la largeur relative de son corselet, qui est à peine inférieure à celle des élytres. Ces deux caractères le différencient des espèces précédentes aussi bien que de la suivante avec laquelle ses affinités sont très étroites. La troncature apicale des étuis n'a pas ici l'importance différentielle qu'on lui a souvent attribuée, car on la constate plus ou moins chez toutes ses congénères.

8. Melanophthalma fulvipes, Comolli.

Ovale courte, convexe, couverte d'une courte pubescence couchée. Tête et prothorax d'un rouge ferrugineux, avec les élytres d'un noir brun, les antennes et les pattes testacées, et la page inférieure du corps obscure; (souvent entièrement d'un roux ferrugineux). Massue des antennes triarticulée. Yeux contigus au bord antérieur du corselet. Front à ponctuation fine et serrée. Pronotum transverse, un peu moins large que les élytres dans leur plus grande largeur, arrondi sur les côtés, angles postérieurs obtus, acuminés; chagriné et ponctué assez fortement, avec la fossette anté-scutellaire à peu près obsolète. Élytres assez fortement ponctuées-striées, avec les intervalles à peine pointillés, un peu relevés. Métasternum tronqué droit entre les hanches postérieures. Pas de lignes longitudinales obliques sur le premier arceau de l'abdomen.

♂ *Tibias antérieurs* armés à leur face postéro-interne d'une dent épineuse située après le milieu. *Premier article* des tarses antérieurs dilaté.

♀ *Tibias antérieurs* simples. *Premier article* des tarses antérieurs non dilaté.

Long. : 0m001 à 0m0013 (1/2 à 3/5 lign.); — larg. : 0m0006 (2/7 lign.).

Lathridius fulvipes, Comolli, Coleopt. Novoc. (1837), pag. 39, n. 82.
Corticaria fulvipes. Mannerheim, in Germ. Zeitschr. V, pag. 60, n. 55. — H. Brisout de Barneville, Ann. Soc. ent. Fr. 1881, pag. 412, n. 41.
Corticarina fulvipes, Reitter, Bestimmungs-Tabellen. Wien. (1880), pag. 30.
Corticaria picipennis, Mannerheim, in Germ. Zeitschr. V, pag. 63, n. 60.
Corticaria curta, Wollaston, Ins. Mader. (1854), pag. 187.
Melanophthalma meridionalis, Reitter, Stett. ent. Zeit. 1875, pag. 442.
Corticaria ooptera, Fairmaire, Ann. Mus. Civ. Genova, 1875, pag. 506 (1).

(1) C'est d'après l'autorité de M. Reitter que je rapporte ici l'insecte décrit par M. Fairmaire. A en juger par les expressions de la diagnose : « *Antennis pedibusque nigris.., prothorace postice obsoletissime transversim impresso... extrêmement voisine de la distinguenda* », j'inclinerais plutôt à la regarder comme une des nombreuses variétés de *M. transversalis*. Mais, n'ayant pas eu sous les yeux le type unique qui appartient au Musée civique de Gênes, je préfère m'en remettre à l'appréciation d'un savant dont la compétence est incontestée.

Corps en ovale court, convexe, un peu brillant, couvert d'une pubescence cendrée, fine, courte et couchée; d'un testacé brunâtre, ou ferrugineux en dessus ainsi que les pattes et les antennes, mais la page inférieure est d'un brun obscur, et assez souvent les élytres sont rembrunies ou même noirâtres.

Tête plus large que longue, transversale dans sa partie comprise entre les antennes et le corselet, beaucoup moins large (y compris les yeux) que le corselet dans sa plus grande largeur, légèrement inclinée en avant, à ponctuation fine assez serrée, avec un sillon tranversal postoculaire plus ou moins marqué. *Épistome* réduit à une bande transversale resserrée à la base par l'insertion antennaire, situé sur le même plan que le front, dont il est séparé par une suture à peine distincte. *Labre* large, court, transverse, un peu dilaté et arrondi sur les côtés, avec le bord antérieur faiblement émarginé.

Antennes peu robustes, insérées en dessus à l'angle antérieur du front, dépassant presque la longueur de la tête et du corselet, composées de 11 articles : le 1er très renflé, orbiculaire ; le 2e beaucoup moins épais et un peu moins long que le 1er, mais sensiblement plus gros que ceux du funicule qui sont assez minces, subcylindriques, tous plus longs que larges, décroissant peu à peu jusqu'à la massue ; celle-ci commençant au 9e article qui est obconique, environ aussi long que les deux précédents pris ensemble ; le 10e article est aussi dilaté que le 9e, mais moins long que lui, bien qu'il soit encore aussi long que large ; le 11e est en ovale allongé, aussi épais que le pénultième et une fois et demie aussi long que lui.

Yeux arrondis, très proéminents, occupant plus des deux tiers du bord latéral de la tête à partir de l'insertion antennaire, contigus au bord antérieur du corselet.

Pronotum court, fortement transversal, presque deux fois plus large que long, un peu moins large que les étuis dans leur plus grande largeur, coupé droit en avant et en arrière, avec les angles antérieurs arrondis indistincts ; côtés assez également arrondis, non marginés, obsolètement crénelés, avec les angles postérieurs obtus, mais munis d'une petite dent aiguë, saillante, faisant face à la 5e strie des élytres ; la surface est chagrinée comme à l'ordinaire, et couverte d'une ponctuation assez serrée et un peu plus forte que dans la *M. truncatella* ; la fossette médiane antéscutellaire est presque obsolète, marquée seulement par un petit espace lisse, ou même complètement indistincte.

Écusson très apparent, transversal.

Élytres en ovale court, souvent un peu plus que chez la *M. truncatella*, légèrement arrondies aux angles huméraux, avec le calus un peu saillant, à peine dilatées sous l'épaule, un peu courbées sur les côtés, s'arrondissant ensemble à l'extrémité, où elles sont subtronquées et laissent ordinairement à découvert une partie du pygidium ; un peu plus fortement striées-ponctuées que chez la *M. truncatella* ; les 8 séries de points ayant leurs intervalles à peu près imponctués, un peu plus étroits que chez l'espèce précédente ; repli épipleural pas très large, graduellement rétréci avec le contour de l'élytre, et réduit à une tranche vers le 4e arceau ventral.

Prosternum en angle très obtus au-devant des hanches ; une ligne de points plus ou moins marqués longe le bord antérieur, et une autre ligne plus enfoncée trace sur les flancs de chaque côté un sillon antécoxal.

Mésosternum uni, aussi large que le trochanter médian, séparant les hanches, et coupé droit un peu avant leur extrémité.

Métasternum beaucoup plus allongé que le mésosternum, vers lequel il s'avance un peu en angle obtus entre les hanches médianes, égalant environ la longueur du 1er segment abdominal, offrant dans son milieu basal quelques traces d'une dépression longitudinale (parfois une très courte ligne lisse), tronqué droit entre les hanches postérieures ; le sillon qui longe celles-ci est à peine marqué, et par suite les côtés ne sont pas bombés ; la surface est parsemée de points plus ou moins marqués au milieu d'un guillochis très fin.

Abdomen de 6 segments à peu près imponctués : le 1er subégal aux deux suivants réunis, dépourvu de lignes longitudinales obliques ; la saillie intercoxale tronquée droit en avant ; les arceaux suivants sont courts et presque de même longueur entre eux ; les deux derniers sont plus fortement pubescents.

Hanches antérieures subglobuleuses, un peu saillantes en dehors de leurs cavités, contiguës ; les médianes arrondies sont séparées par une étroite lame mésosternale ; les postérieures transverses sont environ trois fois aussi distantes que les intermédiaires.

Cuisses assez robustes. *Tibias* presque linéaires, simples, à l'exception des antérieurs du ♂, qui sont armés sur leur face postéro-interne d'une dent assez forte, située un peu après le milieu de leur longueur, après laquelle la face intérieure du tibia est un peu échancrée et revêtue de cils assez forts. *Tarses* ayant le premier article sensiblement plus allongé que le 2e; le 3 égale environ les 2 précédents pris ensemble. Chez le ♂, le 1er article des tarses antérieurs est dilaté. *Ongles* simples.

Habitat. Fort répandue dans l'Europe méridionale (Portugal, Espagne, Corse, Italie, etc.), cette espèce vit également en Asie et dans le Nord de l'Afrique. M. Brisout de Barneville l'indique aussi de Madère. En France, elle ne paraît pas rare tout le long du littoral méditerranéen; mais elle remonte vers le Nord, car j'en possède des individus recueillis à Paris dans des détritus de la Seine, et j'en ai reçu d'Angleterre sous le nom de *curta* Woll.

Obs. Les exemplaires fortement colorés de la *M. fulvipes* sont souvent mêlés dans les collections avec la *M. fuscipennis*, avec laquelle ils ont une apparente ressemblance. Cette confusion tient sans doute à l'erreur que Motschulsky a faite (Bull. Mosc. 1867, I, pag. 88), en reproduisant la diagnose de Mannerheim parmi les *Corticaria* proprement dites. Mais, outre que les deux insectes n'appartiennent pas à la même division et présentent par conséquent des caractères morphologiques très différents, il suffit de regarder la massue antennaire avec quelque attention, pour s'assurer que celle-ci se compose seulement de deux articles chez la *M. fuscipennis*, tandis qu'elle en possède trois chez l'espèce actuelle.

Il n'est pas malaisé de la discerner des trois premières espèces de la seconde division; mais elle a des affinités si étroites avec la *M. truncatella* que j'inclinerais à les considérer comme deux races d'un seul et même type. Si la distinction en est facile lorsque la coloration atteint son maximum d'intensité, on ne peut dire la même chose lorsque l'insecte est entièrement d'un roux ferrugineux plus ou moins clair, ce qui arrive fort souvent. Toutefois, après avoir reconnu la constance de plusieurs caractères, je maintiens, provisoirement du moins, à l'exemple des savants auteurs qui m'ont précédé, une séparation spécifique justifiée d'une manière suffisante par la taille généralement plus petite, par le pronotum plus étroit dans son milieu que la plus grande largeur des élytres, par la ponctuation prothoracique moins fine, et la fossette antéscutellaire à peine marquée ou même oblitérée, par les élytres en ovale un peu plus court, plus fortement striées-ponctuées, etc.

La forme ramassée de cette espèce indique un passage naturel vers le genre *Migneauxia*. C'est sur des exemplaires à élytres brièvement ovales que Wollaston a fondé sa *Corticaria curta*, et peut-être M. Fairmaire sa *Corticaria ooptera*. M. Reitter, n'ayant pas d'abord reconnu l'insecte décrit par Comolli, l'a publié de nouveau sous le nom de *Melanophthalma meridionalis*. La diagnose que Comolli a rédigée de sa *C. fulvipes* laisse en effet dans l'esprit quelques doutes sur son identité : on pourrait croire, en la lisant, qu'il s'agit d'un insecte entièrement d'un noir de poix, sauf les antennes et les pattes qui sont ferrugineuses ; Mannerheim donne le même signalement. Je n'ai jamais rencontré d'exemplaire ainsi coloré, tous ceux que j'ai vus avaient au moins la tête et le corselet d'un rouge ferrugineux comme chez la *Corticaria picipennis* de Mannerheim, qui me paraît synonyme de l'espèce actuelle.

Genre *Migneauxia*, J. Du Val.

J. Du Val, Gen. Col. II, pag. 248.

Étymologie : Genre dédié à M. Migneaux.

Caractères. *Corps* brièvement ovalaire, convexe, pubescent. *Front* uni, séparé de l'épistome par une strie assez distincte. *Antennes* de 10 articles seulement, insérées en dessus à l'angle antérieur du front, et terminées par une massue assez brusque de trois articles, dont le pénultième est transverse. *Yeux* latéraux, globuleux, plus ou moins saillants, composés de facettes assez grossières. *Pronotum* sans côtes discales, non rebordé mais fortement denticulé latéralement, marginé à sa base, et parfois orné au-devant de celle-ci d'une légère impression fovéiforme. *Écusson* très distinct, transverse. *Élytres* recouvrant d'ordinaire le pygidium, ornées de lignes longitudinales de points ou de stries ponctuées et d'une pubescence plus ou moins longue, sérialement disposée. *Prosternum* raccourci en angle obtus au-devant des hanches antérieures, offrant de chaque côté une forte excavation transverse. *Métasternum* à peine marqué longitudinalement au milieu de sa base d'une impression sulciforme très courte. *Hanches* antérieures subcontiguës ; les médianes et les postérieures très inégalement distantes. *Abdomen* de 6 arceaux dans les deux sexes : le 1er plus long, les suivants courts, subégaux, excepté le 6e qui est plus petit et parfois difficile à apercevoir au milieu de la pubescence épaisse qui recouvre les deux derniers segments. *Tarses* à 1er article à peine plus long que le 2e ; le 3e égal aux deux précédents réunis. *Ongles* simples.

Obs. La forte crénulation des bords latéraux du prothorax, les antennes composées de dix articles seulement, la massue plus brusquement dilatée avec le pénultième article toujours transverse, font distinguer au premier coup d'œil le genre actuel du précédent. Quelques-uns de ces caractères se retrouvent chez les *Corticaria* proprement dites, notamment dans le groupe auquel appartiennent les *C. pinguis*, *Diecki*, etc. ; mais celles-ci ont toujours onze articles aux antennes, sans parler du nombre des segments abdominaux, qui est différent dans l'un des sexes.

Une seule espèce a été rencontrée sur notre territoire. Malgré mes investigations qui ont porté non seulement sur des échantillons assez nombreux de celle-ci, mais encore sur plusieurs espèces voisines, il ne m'a pas été possible de reconnaître d'une manière certaine s'il existe dans ce genre des caractères extérieurs qui puissent servir à distinguer le ♂ de la ♀.

1. **Migneauxia crassiuscula**, Aubé.

Brièvement ovale, convexe, couverte d'une pubescence longue et redressée ; corps d'un brun obscur ou rouge ferrugineux, antennes et pattes d'un testacé pâle. Tête à peine parsemée de quelques points fins. Pronotum fortement transverse, un peu moins large que les élytres dans leur plus grande largeur, à peu près également arrondi sur les côtés au milieu, chagriné et ponctué assez fortement mais peu serré, avec une fossette très faible au-devant de l'écusson ; pourvu latéralement de 8 denticules, plus forts en arrière (les 3 derniers également espacés). Élytres assez fortement ponctuées en séries longitudinales, avec les intervalles marqués de points espacés, et hérissés de longs poils cendrés. Métasternum parsemé de gros points assez profonds, surtout sur les côtés.

Long. : 0m0013 (3/5 lign.) ; — larg. : 0m0006 (2/7 lign.).

Corticaria crassiuscula, Aubé, Ann. Soc. ent. Fr. 1850, pag. 331, n. 41. — H. Brisout de Barneville, Ann. Soc. ent. Fr. 1881, pag. 413, n. 42.
Migneauxia crassiuscula, Reitter, Stett. ent. Zeit. 1875, pag. 444.
Migneauxia serricollis, J. Duval, Gen. Col. Eur. II, pag. 248 ; pl. 59, fig. 294. — Redtenbacher, Faun. austr. 3e édit. pag. 424.
Migneauxia villigera, Motschulsky, Bull. Mosc. 1867, I, pag. 40.

Corps en ovale court, convexe, brillant ; couvert de longs poils cendrés, redressés ; d'un brun obscur ou d'un rouge ferrugineux, avec les antennes et les pattes d'un testacé pâle.

Tête plus large que longue, beaucoup moins large (y compris les yeux) que le corselet dans sa plus grande largeur (la marge externe de la saillie oculaire est à peu près sur la même ligne que l'angle antérieur du pronotum) ; légèrement inclinée en avant, parsemée de quelques points fins subobsolètes. *Epistome* réduit à une bande transversale resserrée à la base par l'insertion antennaire, situé sur le même plan que le front, dont il est séparé par une strie plus ou moins distincte. *Labre* large, court, transverse, assez densément pubescent, un peu émarginé dans son milieu antérieur.

Antennes médiocres, insérées en dessus à l'angle antérieur du front, égalant environ la longueur de la tête et du corselet, composées de 10 articles seulement : le 1er très renflé, suborbiculaire ; le 2e subcylindrique, beaucoup moins épais et un peu moins long que le 1er, mais encore sensiblement plus gros que les suivants ; 3e à 5e décroissant peu à peu, assez minces, subcylindriques, plus longs que larges ; le 6e est subglobuleux, et le 7e est à peine aussi long que large ; la massue est brusque et commence au 8e article qui est obconique, fortement dilaté, un peu moins long que large ; le 9e est aussi épais que l'extrémité du précédent et un peu plus court que lui ; le 10e est subovale, épais, un peu moins long que les deux précédents réunis.

Yeux arrondis, assez saillants, occupant plus de la moitié du bord latéral de la tête à partir de l'insertion antennaire, séparés du bord antérieur du corselet par de courtes tempes, qui continuent la ligne latérale de la marge oculaire.

Pronotum court, fortement transversal, presque deux fois aussi large que long, n'égalant pas tout à fait les élytres dans leur plus grande largeur, tantôt uniformément convexe d'un bord latéral à l'autre, tantôt légèrement déprimé le long du disque à une certaine distance de la marge (1), coupé droit en avant, largement arrondi en arrière, à peu près également arrondi sur les côtés, avec les angles antérieurs obtus et les postérieurs presque droits, faisant saillie vis-à-vis du calus huméral en une dent aiguë qui est terminée par un cil très fort, ainsi que chacun des denticules latéraux ; ceux-ci paraissent au nombre de 8 ; ils sont un peu plus forts et plus aigus postérieurement, et les trois derniers sont égale-

(1) Ces variations me paraissent individuelles et indépendantes du sexe ; néanmoins je ne serais pas éloigné de croire que la convexité régulière se rencontre plus fréquemment chez les ♀, tandis que la dépression prothoracique appartient plutôt aux ♂.

ment distants entre eux ; la surface est fortement chagrinée et marquée en outre de points assez forts et profonds, peu serrés ; au-devant de l'écusson, on distingue une impression fovéiforme transverse, parfois entièrement oblitérée

Écusson très apparent, transverse.

Elytres en ovale court, subarrondies aux angles huméraux, avec le calus très faiblement saillant, un peu dilatées au-dessous de l'épaule, et courbées sur les côtés, s'arrondissant ensemble à l'extrémité où elles recouvrent l'abdomen (sauf parfois une très petite partie du pygidium) ; couvertes de points enfoncés, transverses, assez forts, s'oblitérant vers le sommet, donnant naissance à des poils courts, couchés, à peu près régulièrement disposés sur 8 lignes longitudinales sans former de stries, avec les intervalles transversalement rugueux et marqués de points espacés presque aussi forts, du fond de chacun desquels se dressent de longs poils fauves ; repli épipleural pas très large, peu à peu rétréci avec le contour de l'élytre, et réduit à une tranche vers le 5e arceau ventral.

Prosternum en angle très obtus au-devant des hanches antérieures, offrant de chaque côté, en avant de celles-ci, une forte excavation transverse, faiblement pubescente.

Mésosternum aussi large que le trochanter médian, séparant les hanches intermédiaires jusque vers l'extrémité de celles-ci, où il est tronqué droit.

Métasternum beaucoup plus allongé que le segment précédent, vers lequel il s'avance un peu anguleusement entre les hanches médianes, environ de la même longueur que le 1er arceau ventral, tronqué droi en arrière et offrant dans son milieu basilaire une très courte ligne ou fossette longitudinale (parfois oblitérée) ; le sillon longitudinal qui longe les hanches postérieures est fortement imprimé et fait bomber légèrement les parties voisines ; la surface est chagrinée et marquée ordinairement de gros points assez profonds, surtout latéralement.

Abdomen de 6 segments dans les deux sexes : le 1er subégal aux deux suivants réunis, offrant quelques points épars, principalement sur les côtés (ces points parfois obsolètes) ; la saillie intercoxale est droite ou à peine arrondie en avant ; les arceaux suivants sont courts et subégaux, sauf le 6e qui est plus petit et difficile à distinguer au milieu de la pubescence plus épaisse ; on aperçoit plus ou moins nettement sur le 5e arceau une fossette médiane apicale qui le fait paraître émarginé.

Hanches antérieures subglobuleuses, assez saillantes en dehors de leurs cavités cotyloïdes, subcontiguës ; les médianes arrondies sont séparées par la lame mésosternale ; les postérieures transversales sont au moins trois fois plus distantes que les intermédiaires.

Cuisses assez robustes. *Tibias* presque linéaires, simples. *Tarses* ayant leurs deux premiers articles suballongés ; le 2e est un peu plus court ; le 3e égale environ les 2 précédents pris ensemble. *Ongles* simples.

Habitat. Décrite sur des exemplaires que M. Aubé avait reçus de Batoum (Imérétie), cette espèce vit dans la France méridionale (Hérault, Var, Alpes-maritimes) et en Corse. On la rencontre d'ordinaire en nombre sous les détritus accumulés au pied des cistes, et dans les monceaux d'herbes qui commencent à entrer en décomposition. Je possède aussi plusieurs échantillons provenant d'Italie (Toscane et Naples). Motschulsky l'a capturée dans les forêts de la Kahétie, en Transcaucasie (Lenkoran) et en Crimée.

Obs. La longueur de la pubescence dont cet insecte est hérissé principalement sur les intervalles des élytres, le distingue immédiatement de ses congénères, qui sont couverts de poils assez fins, courts, couchés et moins espacés. Sa coloration est aussi généralement moins claire, sa taille un peu plus avantageuse, et ses élytres un peu plus convexes. La *M. inflata* Rosenhauer (Thiere Andalus, 1856, pag. 350), d'Espagne et de Sicile, a en outre la ponctuation du prothorax plus fine et plus serrée, et la denticulation latérale autrement conformée (le denticule de l'angle postérieur étant notablement plus écarté de l'avant-dernier que celui-ci ne l'est de l'antépénultième). — La *M. Lederi* Reitter (Stett. entom. Zeit. 1875, pag. 444), d'Algérie et du Maroc, s'en éloigne encore par la forme de son corselet plus étroit en devant qu'à la base, égalant presque dans son milieu la largeur des élytres, peu arrondi et moins fortement denticulé sur les côtés, à ponctuation plus fine mais peu serrée.

Il est à présumer que la *M. villigera*, de Crimée et du Caucase, a été décrite d'après des individus d'une taille un peu plus faible et de coloration plus claire, chez lesquels le corselet paraissait moins fortement denticulé sur les côtés, et offrait une fossette antéscutellaire mieux marquée.

FIN

TABLE MÉTHODIQUE

DE LA

FAMILLE DES LATHRIDIENS

Ire Branche : MÉROPHYSIAIRES.

Genre : *Neoplotera*, Belon.

peregrina, Belon.

Genre : *Colovocera*, Motschulsky.

formicaria, Motschulsky.

Genre : *Reitteria*, Leder.

lucifuga, Leder.

Genre : *Merophysia*, Lucas.

lata, Kiesenwetter.
cretica, Kiesenwetter.
formicaria, Lucas.
Baudueri, Reitter.
carinulata, Rosenhauer.
foveolata, Baudi.
oblonga, Kiesenwetter.
procera, Reitter.
orientalis, De Saulcy.
carmelitana, De Saulcy.

Genre : *Holoparamecus*. Curtis.

S.-genre *Holoparamecus*, in sp.

Ragusae, Reitter.
Kunzei, Aubé.
singularis, Beck.

S.-genre *Tomyrium*, Reitter.

Bertouti, Aubé.

S.-genre *Calyptobium*, Aubé.

niger, Aubé.
caularum, Aubé.

Genre *Anommatus*, Wesmael.

S.-genre *Anommatus*, in sp.

12-striatus, Muller.
pusillus, Schaufuss.
Diecki, Reitter.
planicollis, Fairmaire.

S.-genre *Abromus*, Reitter.

Brucki, Reitter.

IIe Branche : LATHRIDIAIRES.

Genre : *Langelandia*, Aubé.

anophthalma, Aubé.
exigua, Perris.

Genre : *Metophthalmus*, Motschulsky.

niveicollis, J. Duval.
obesus, Reitter.
Ragusae, Reitter.

Genre *Dasycerus*, Brongniart.

sulcatus, Brongniart.
interruptus, Reitter.
crenatus, Motschulsky.
elongatus, Reitter.

Genre : *Lathridius*, Herbst.

S-genre *Lathridius*, in sp.

lardarius, De Geer.
laticeps, Belon.
angulatus, Mannerheim.
productus, Rosenhauer.
angusticollis, Hummel.

rugicollis, Olivier.
alternans, Mannerheim.

S.-genre *Coninomus*, Thomson.

nodifer, Westwood.
constrictus, Hummel.

Genre : *Enicmus*, Thomson.

S.-genre *Enicmus*, in sp.

brevicornis, Mannerheim.
dubius, Mannerheim.
rugosus, Herbst.
fungicola, Thomson.
transversus, Olivier.
testaceus, Stephens.
Mannerheimi, Kolenati.

S.-genre *Conithassa*, Thomson.

brevicollis, Thomson.
minutus, Linné.
consimilis, Mannerheim.
hirtus, Gyllenhal.

Genre : *Revelieria*, Perris.

Genei, Aubé.
Heydeni, Reitter.

Genre : *Cartodere*, Thomson.

bicostata, Reitter.
pilifera, Reitter.
Beloni, Reitter.
elegans, Aubé.
elongata, Curtis.
aequalis, Reitter.
ruficollis, Marsham.
filiformis, Gyllenhal.
filum, Aubé.
Schuppeli, Reitter.

IIIe Branche : CORTICARIAIRES.

Genre : *Corticaria*, Marsham.

metallica, Reitter.
pubescens, Hummel.
olympiaca, Reitter.
crenulata, Gyllenhal.
sylvicola, Ch. Brisout.
Diecki, Reitter.
Kaufmanni, Reitter.
pinicola, Ch. Brisout.
illaesa, Mannerheim.
monticola, H. Brisout.
pilosula, Rosenhauer.
fulva, Comolli.
maculosa, Wollaston.
umbilicata, Beck.
impressa, Olivier.
denticulata, Gyllenhal.
lapponica. Zetterstedt.
saginata, Mannerheim.
serrata, Paykull.
Clairi, H. Brisout.
obscura, Ch. Brisout.
longicollis, Zetterstedt.
crenicollis, Mannerheim.
Eppelsheimi, Reitter.
Corsica, H. Brisout.
interstitialis, Mannerheim.
Mannerheimi, Reitter.
linearis, Paykull.
foveola, Beck.
bella, Redtenbacher.
cucujiformis, Reitter.
elongata, Hummel.
Thomsoni, Reitter.
fenestralis, Linné.

Genre : *Melanophthalma*, Motschulsky.

transversalis, Gyllenhal.
distinguenda, Comolli.
fuscipennis, Mannerheim.
gibbosa, Herbst.
similata, Gyllenhal.
ovalipennis, Reitter.
fuscula, Hummel.
truncatella, Mannerheim.
fulvipes, Comolli.

Genre : *Migneauxia*, J. Duval.

crassiuscula, Aubé.
inflata, Rosenhauer.
Lederi, Reitter.

TABLE GÉNÉRALE DES MATIÈRES (1)

Caractères et éléments constitutifs de la famille. *1
Étude des parties extérieures du corps. *4
Mœurs et vie évolutive. *14
Historique de la science. *19
Division de la famille en trois branches. . . . . *28 et 1
1re branche : Mérophysiaires. *28
2e branche : Lathridiaires. . . . . *89 et 3
3e branche : Corticariaires. 15
Additions et rectifications. *199
Tableau méthodique. . . . . *205 et 145

(1) L'* au devant d'un chiffre indique la pagination de la Ire partie ; celle de la IIe n'est accompagnée d'aucun signe particulier. Les noms d'espèces imprimés en italique sont synonymes.

GENRES, SOUS-GENRES ET ESPÈCES

Abromus (s.-g.). . . . . . * 75

Anommatus. . . . . . . * 74

Baudii. . . . . * 76
Brucki. . . . . * 87
Diecki. . . . . * 82
12-striatus. . . . . . . * 76
Kiesenwetteri. . . . . * 201
Linderi. . . . . * 84
obsoletus. . . . . . . * 76
planicollis. . . . . . . * 83
pusillus. . . . * 79 et * 200
terricola. . . . . . . * 76

Calyptobium (s.-g.). . . . . * 54

Cartodere. . . . . * 144

aequalis. . . . . * 154
angustata. . . * 152 et * 163
Beloni. 14
bicostata. 13
clathrata. . . . . . . * 152
collaris. . . . . * 155
concinna. . . . . . . * 156
elegans. . . * 150, * 203 et 10
elongata. . . . . * 151
exilis. . . . . * 155
filiformis. . . . . . . * 158
filum. . . . . * 161
Godarti. . . . . . * 146 et 13
inflaticeps. . . . . * 151 et 14
lilliputana. . . . . . . * 153
nanula. . . . . * 156
parallela. . . . . . . * 159
parallelipennis. 14
pilifera 148
ruficollis. . . . . * 155

Schüppeli. . . . . . . * 203
tantilla. . . . . * 159

Cerylon. . . . . . . * 47 et * 38
ferrugineum. . . . . * 47
lapidarium. . . . . . * 38

Colovocera. . . . . * 33
attae. . . . . * 36
formicaria. . . . * 35 et * 200
formiceticola. . . . . * 35
gallica. . . . . * 36
punctata. . . . * 35 et * 200
subterranea. . . . . * 35

Coninomus (s.-g.). . . . . * 111

Conithassa (s.-g.). . . . . * 167

Corticaria. 16
amplipennis. 90
angusta. 50
attenuata. 45
axillaris. 63
badia. 54
bella. 87
borealis. 50
campicola. 54
cardiadera. 45
Clairi. 66
concinnula. 32
concolor. 45
convexa. 33
corsica. 84
crenicollis. 77
crenulata. 28
cribricollis. 50
cucujiformis. 91
cylindrica. 50
cylindripennis. . . . 50
cypria. 48
deleta. 100
denticulata. 62
denticulata Bris. . . . 59
denticulata Waterh. . . 57
depressa. 72
Diecki. 33
dilatipennis. 90
diluta. 26
elongata. 95
Eppelsheimi. 81
fagi. 78
fenestralis. 99
ferruginea. 100
flavescens. 45
formicetorum. 74
foveola. 90
fulva. 44
grossa. 23
hirtella. 45
illaesa. 37
impressa. 54
interstitialis. 90
intricata. 26
Kaufmanni. 33
lacerata. 78
lapponica. 62
lapponica 59
lateritia. 83
laticollis. 63
linearis. 90
longicollis. 77
longicollis. 73
longicornis. 54
maculosa. 49
Mannerheimi. . . . 77 et 90
metallica. 22
melanophthalma. . . . 74
monticola. 41
Motschulsky. 63
nigriceps. 100
nigricollis. 100
obscura. 69
olympiaca. 27
Pharaonis. 45
piligera. 23
pilosa. 38
pilosula. 44
pinguis. 34
pinicola. 33
pubescens. 22
punctatissima. 50

punctulata. 23
quadrimaculata. . . . 38
rotulicollis. 63
rufescens. 33
rufula. 100
saginata. 58
sculptipennis. 54
serrata. 62
setosa. 38
spinulosa. 99
stigmosa. 48
subacuminata. 100
subparallela. 38
subpicea. 50
sylvicola. 34
Thomsoni. 99
tincta. 23
transversicollis. . . . 45
umbilicata. 50
umbilicifera. 50
unicarinulata. 45
validipes. 54
villosa. 38
Weisei. 74

Corticarina. 104

Cortilena. 110

Dasycerus. 5
crenatus. 10
echinatus. 6
elongatus. 10
interruptus. 10
sulcatus. 6

Enicmus. . . . . * 164
assimilis. . . . . . . * 186
anthracinus. . . . . * 186
brevicollis. . . . . . * 185
brevicornis. . . . . . * 168
carbonarius. . . . . * 168
carpathicus. . . . . * 185
consimilis. . . . . . * 190
cordaticollis. . . . . * 181
crenicollis. . . . . . * 181
dubius. . . . . * 171
exaratus. . . . . . * 189
fungicola. . . . . . . * 170
gemellatus. . . . . . * 204
hirtus. . . . . * 191
Lederi. . . . . * 189
Mannerheimi. . . . . * 184
minutissimus. . . . . * 186
minutus. . . . . * 186
parallelocollis . * 190 et * 204
planatus. . . . . . . * 173
porcatus. . . . . . * 186
rufipennis. . . . . . * 183
rufipes. . . . . . . * 176
rugipennis. . . . . . * 173
rugosus. . . . . * 172
scitus. . . . . * 186
sculptilis. . . . . . * 178
testaceus. . . . . . . * 180
transversus. . . . . . * 177

Holoparamecus . . . . * 51
Bertouti. . . . . . . * 63
caularum. . . . . . . * 70
depressus. . . . . . * 61
difficilis. . . . . . * 61
Kunzei. . . . . * 57
longipennis. . . . . * 61
Lowei. . . . . * 67
niger. . . . . * 66
obtusicornis. . . . . * 71
occultus. . . . . . . * 67
Panckouki. . . . . . * 71
populi . . . . * 61
Ragusae. . . . . . . * 54
singularis. . . . . . * 60
Villae. . . . . * 61

Langelandia. . . . * 92 et * 199
anophthalma. . . . . . * 93
exigua. . . . . * 96
incostata. . . . . . * 96

Lathridius. . . . . . . * 108
acuminatus. . . . . * 112

alternans. . . . . * 131
angulatus. . . . . * 118
angusticollis. . . . . * 118
angusticollis. . . . . . * 124
antipodum. . . . . . * 134
carinatus. . . * 141 et * 203
carinulatus. . . . . * 202
constrictus. . . * 137 et * 203
dilaticollis. . . . . . * 113
incisus. . . . . * 141
lardarius. . . . . * 112
laticeps. . . . . * 115
limbatus. . . . . . . * 141
monticola. . . . . . . * 137
nervosus. . . . . . . * 202
nodifer. . . . . * 134
nodulosus. . . . . . . * 134
Pandellei. . . . . . . * 124
pini. . . . . * 112
productus. . . . . . . * 121
quadratus. . . . . . * 112
rugicollis. . . . . . * 112
rugicollis. . . . . . . * 128
subbrevis. . . . . . * 113
tremulae. . . . . . . * 124
undulatus. . . . . . * 118

Melanophthalma. 103

albipilis. 107
algirina. 116
angulata. 112
angulosa. 112
brevicollis. 107
crocata. 107
curta. 135
curticollis. 107
cylindricollis. 120
delicatula. 120
distinguenda. 111
fulvipes. 135
fuscipennis. 115
fuscula. 128
gibbosa. 119
hortensis. 107
impressa. 120
latipennis. 128
maura. 107
meridionalis. 135
minuta. 120
moraviaca. 107
ooptera. 135
ovalipennis. 127
pallens. 107
parvicollis. 112
parvula. 124
picipennis. 135
pumila. 112
pusilla. 112
sericea. 107
similata. 124
subtilis. 124
suturalis. 107
taurica. 107
tenella. 120
transversalis. 106
trifoveolata. 128
truncatella. 132
Wollastoni. 107

Melanopsis. 104

Merophysia. . . . . . * 39

acuminata. . . . . . * 46
Baudueri. . . . . . . * 46
carinulata. . . . . . . * 47
carmelitana. . . . . . * 51
cretica. . . . . * 45
formicaria. . . . . . * 40
foveolata. . . . . . . * 48
lata. . . . . * 44
minor. . . . . * 51
oblonga. . . . . . . * 48
orientalis. . . . . . * 50
ovalipennis. . . . . . * 50
procera. . . . . . . * 49
sicula. . . . . . . * 41

Metophthalmus. . . . . * 99

lacteolus. . . . . . . * 104
niveicollis. . . . . . * 101

obesus. . . . * 105 et * 202
Ragusae. . . . * 105 et * 202
Revelierei. . . . . . * 108

Migneauxia. 139
crassiuscula. 140
inflata. 143
Lejeri 143
serricollis. 140
villigera. 140

Neoplotera. . . . . . . * 29
peregrina. . . . . . . * 30

Oropsime. 104

Reitteria. . . . . * 38
lucifuga. . . . . . . * 38

Revelieria. . . . . . . * 194
Genei. . . . . * 195
Heydeni. . . . . . . * 198
spectabilis. . . . . . * 195

Stephostethus. 3

Tomyrium (s.-g.). . . . . * 55

ERRATUM : Page 33, au lieu de *C. Kaupfmanni* lire : *C. Kaufmanni*.

LYON. — IMPRIMERIE PITRAT AINÉ, RUE GENTIL, 4

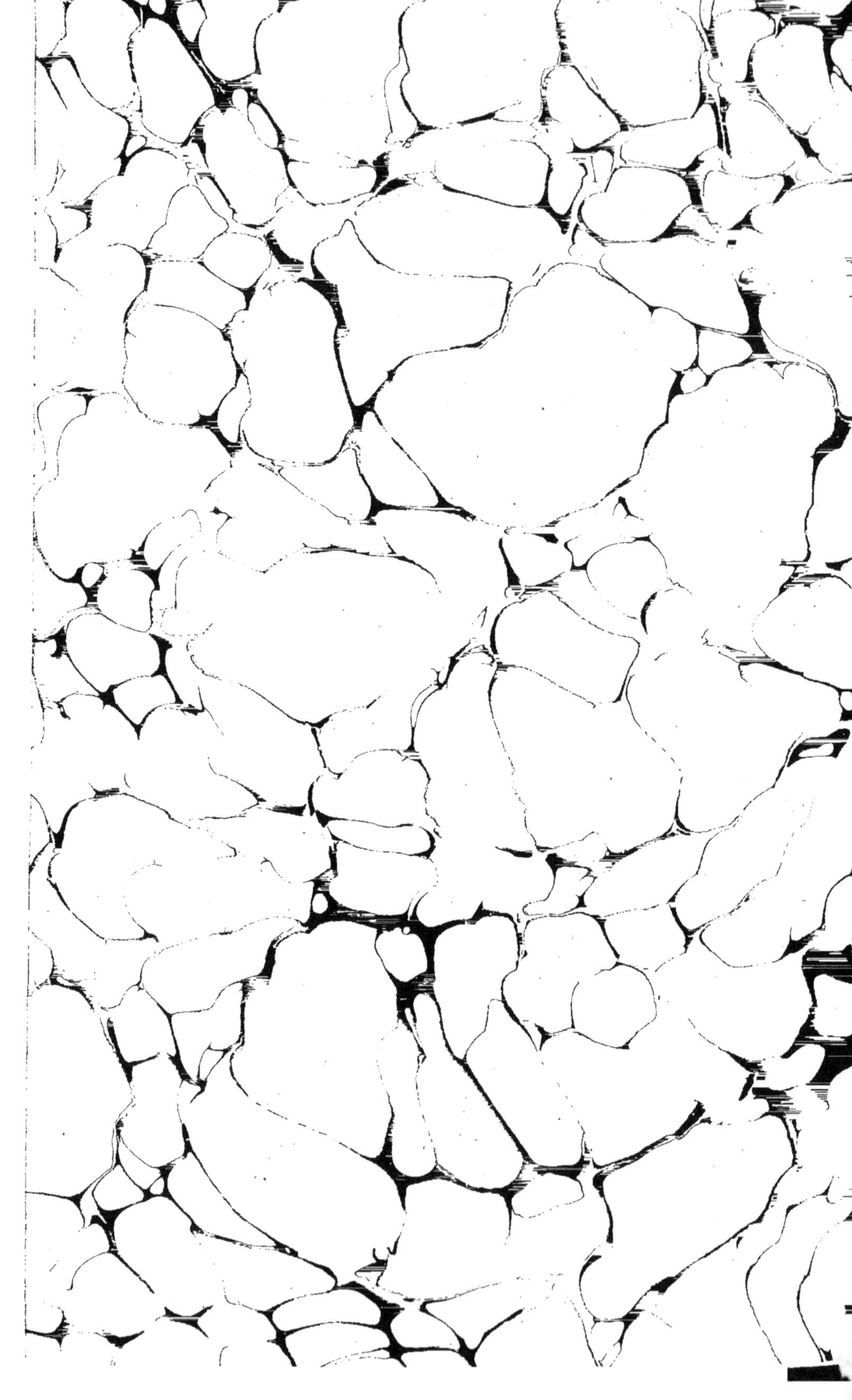

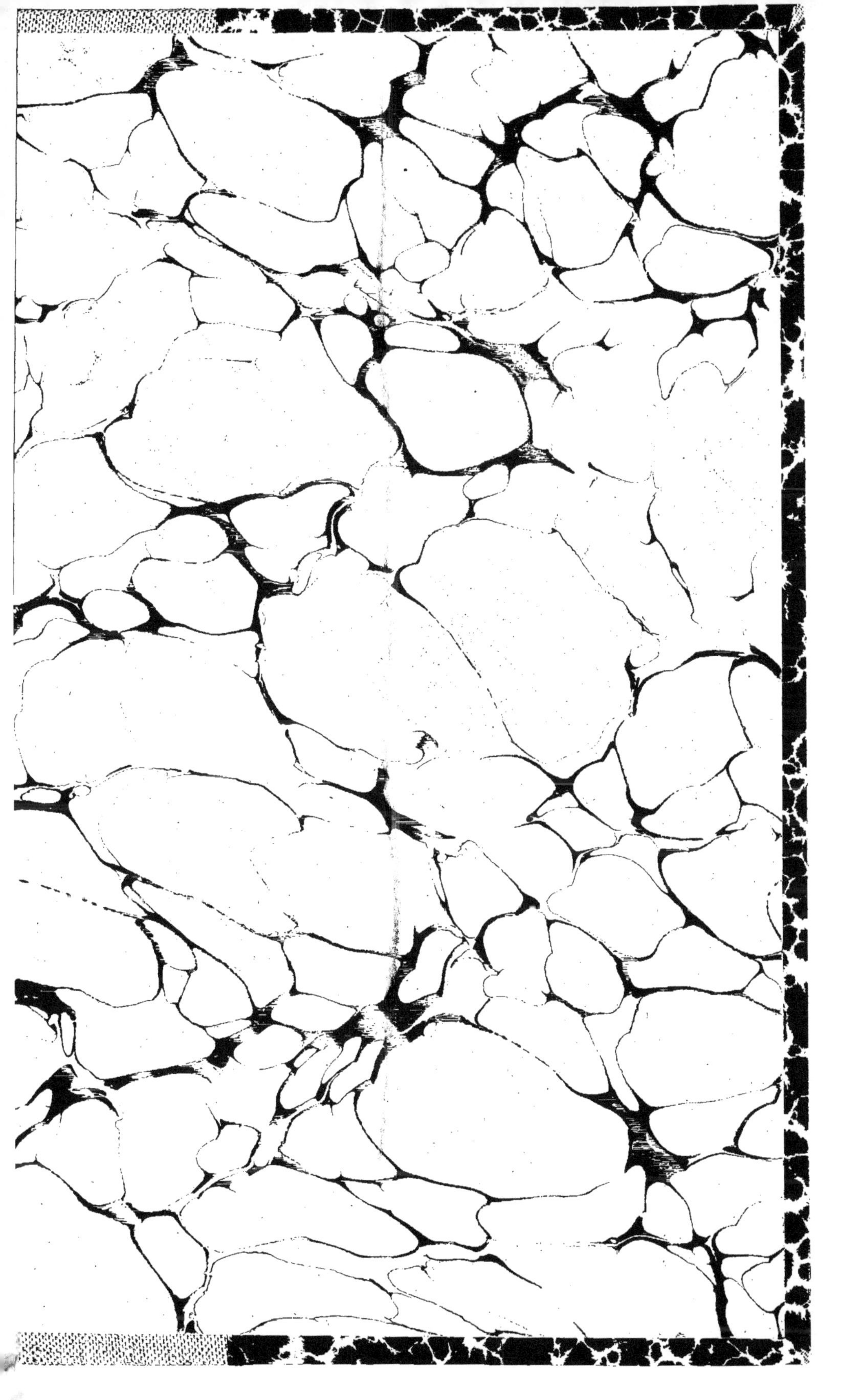

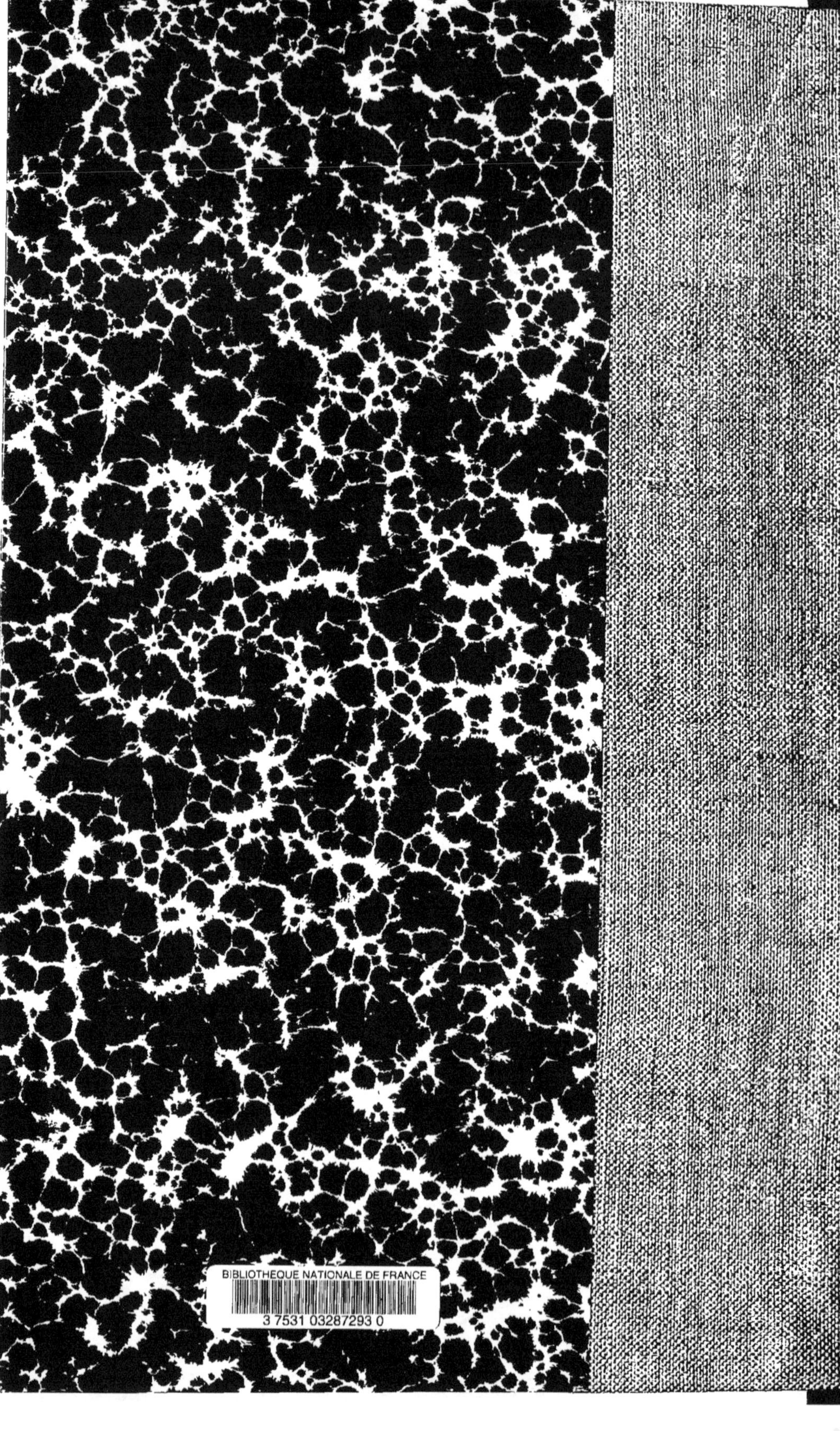

www.ingramcontent.com/pod-product-compliance
Ingram Content Group UK Ltd.
Pitfield, Milton Keynes, MK11 3LW, UK
UKHW022105190726
13855UKWH00002B/645

9 782013 370790